KB128441

문화를 여행하다

Travel,
Culture & People

연호탁

박영사

여행과 문화, 그리고 사람

다시 페르시아로 떠난다. 여행은 현재 속에서 과거를 보는 일이다. 여행은 단지 공간 이동만 하는 것이 아니라 시간 이동도 하는 것이다. 말하고 보니 정말 그렇다. 다리우스(Darius, Dareus, Dareîos 또는 Dārayava(h)uš) 대왕(대략 기원전 550~486년)과 다리어(Dari)*의 관계를 알아야겠다는 현실적으로 마뜩잖은 지적 호기심을 내세워 나는 떠나려 하는 것이다.

이상하게도 나는 역사에 관심이 많다. 내 여행의 시발은 바로 과거를 알고 싶은 욕구의 발로다. 30여 년 전 인도 아요디야(Ayodhya)에 간 것도 현재로선 크게 중요할 것도 없는 과거사를 확인하고 싶어서였던 거다. 사케타(Saketa)라는 이름으로도 알려져 있는 이 도시는 라마(Rama)의 탄생지로 대 서사시 <라마야나(Ramayana)>의 배경무대가 되는 곳인데, 당시 나는 쌍어문(雙魚紋)에 얽힌 인도와 우리나라의 관계를 추적하고 싶은 욕구가 강렬했다. 현재에 몰입해 살다보니 자칫 소홀히들 하지만 과거는 현재의 뿌리다. 과거 없이 현재는 없다. 현재의 나와 우리, 그리고 나와 네가 물려받은 문화의 유

* 다리어는 아프가니스탄과 파키스탄에서 사용되는 언어로 아프가니스탄에서는 파슈툰어(혹은 파탄어라고도 하는 언어)와 함께 공용어로 지정되어 있다. 페르시아어와는 어휘의 대부분이 같은 사촌지간으로 인도-이란어파에 속한다. 파슈툰어로부터의 차용어가 많으며 문자는 파슈툰어, 페르시아어, 우르두어, 쿠르드어와 마찬가지로 아랍 문자를 사용한다.

전자를 이해하기 위해서는 과거를 알아야 한다.

그렇다고 여행이 꼭 과거를 향한 것만은 아니다. 끝 간 데 없이 광활한 몽골 초원을 그려보자. 낮에는 뭉게구름 뭉클뭉클 피어있는 쾩 텡그리(푸른 하늘)와 대비를 이루어 한없이 시원한 쾌감을 준다. 때론 깊은 한숨을 쉬게도 한다. 해질녘, 하늘 그림자, 구름무늬가 스르르 황금 빛깔로 물들어가는 초원 위로 펼쳐질 즈음 게르(ger)* 지붕 위로 저녁임을 알리는 연기가 모락모락 피어오른다. 향수에 젖게 만드는 그런 그림 같이 평화로운 풍경 속의 나는 졸졸졸 집으로 돌아가는 어린 강아지다. 초원의 밤은 어떤가? 인공의 불빛 없는 초원 위 까만 밤하늘엔 소리 없는 별의 향연이 펼쳐진다. 별이 초원 위로 쏟아지고 또 쏟아지고, 급기야 별이 무너져 내리는 경우도 있다. 그 광경을 바라보는 것은 일생의 축복이다. 말을 놓치고, 잃고, 숨이 멎고, 응고된 시선으로 자연이 이뤄낸 절경을 바라보고 있으면 심장도 일시 멎는 것 같다. 그곳에 나는 없다. 나는 녹아 별이 되고, 밤이 되고, 바람이 된다. 내가 사라지고 없는 자리에서 모순되게도 나는 희열을 느낀다. 때론 눈물짓는다. 그러다 내가 되살아난다.

자연과의 혼연일체가 주는 기쁨을 얻을 수 있는 초원의 낮과 밤을 만나러 나는 떠난 적이 있고 또 떠날 것이다. 이것은 과거로의 여행도 아니고, 현재의 여행이라는 말도 적절치 않고, 그저 나를 만나러 가는 노정이라고 말하는 게 좋겠다. 나를 소멸시켜 나를 다시 탄생케 하는 일이 자연 속에서는 가능하다. 이런 여행의 신비는 다른 것을 통해서도 느낄 수 있다. 그렇다면 여행은 과거로 향하는 발걸음이기도 하지만 현재의 나를 만나기 위한 의식이라고도 할 수 있다.

젊은 시절 마빈 해리스의 『문화의 수수께끼』를 읽으며 문화현

---

* 게르는 몽골 초원이나 중앙아시아 초원지대에 살고 있는 유목민들의 천막집을 가리키는 몽골어이며, 돌궐어로는 유르트(yurt) 혹은 유르타(yurta)라고 한다.

상, 문화사라는 게 무척 흥미진진한 연구 주제라는 걸 인식했다. 말리노프스키의 『결혼의 기원과 역사』를 읽으며, 레비 스트로스의 『슬픈 열대』, 루이스 헨리 모건의 『고대사회』, 시몬느 드 보봐르의 『제2의 성』, 버트런드 러셀의 『결혼과 도덕』, 제임스 조지 프레이저의 『황금가지: 비교종교 연구』, 케이트 밀레트의 『성의 정치학』 등 마음 가고 시선 가는 대로 책을 읽으며 문화란 사람에 의한 사람을 위한 사람의 것이라는 점을 확인하게 되었다. 문화의 영역은 무한하다. 먹고 마시고 배설하는 형이하학적 영역에서 신앙과 삶의 가치와 같은 형이상학적 분야에 이르기까지 문화 아닌 것이 없다. 여행도 문화에 속한다.

여행은 결국 사람을 만나는 것이다. 사람을 떠나 새로운 사람을 만나 사람살이를 엿보고 살피는 것이다. 다시 말해 문화란 사람살이의 총체가 아니겠는가.

여행은 단순히 떠나는 것이 아니다. 목적 없는 방랑이 아닌 것이다. 그냥 아무 생각 없이 발길 닿는 대로 떠돌아다닌다 해도. 진정한 여행자는 소아적 자기애에서 벗어나 너그러운 시선으로 타인과 세상을 바라볼 줄 아는 사람이다.

차례

문화를 여행하다

Travel, Culture & People

01

치장의 욕구: 아름다움의 세계

"만일 연교수가 수염을 기른다면?"

이 질문에 대한 반응은 필자와의 관계에 따라 사뭇 다를 것이다. "하지 그래요"부터 "뭐 하러 그래요?"에 이르기까지 다양한 의견 표출이 있을 것이나, "안 어울린다" 외에 "절대 안 된다"와 같은 절대 부정은 없을 것으로 본다. 그런데 "만일 귀걸이를 한다면?"이라는 질문을 한다면 여기에 대해서는 다수가 부정적인 반응을 보일 것이다. 그 반응을 "교수가 그러면 되느냐"로 가정하고, "젊은 친구들은 다 하는데"라고 반론을 제기한다면, 그때는 아마도 "교수가 그러면 안 되지"라고 알맹이는 달라지지 않는 동어반복적 답변으로 반대의사 내지 유감의 뜻을 드러낼 것이다.

문화란 참으로 복잡하고 일관성이 없다. 시간적으로나 공간적으로 절대적이지도 않다. 조선시대에는 남자라면 머리를 길러야 했다. 결혼 전에는 긴 머리를 총각머리로, 결혼하면서는 상투를 틀어 부모님이 물려주신 신체의 일부를 손상시키는 일 없이 소중히 간직해야 했다. 오늘날에는 남자가 머리를 기르는 것은 이상하거나 못마땅한 일이다. 물론 대한민국에 국한시켜 하는 말이다. 수염 역시 과거에는 길러야 했다. 오늘날에는 수염, 특히 콧수염만 기른다면 사방에서 욕을 먹거나 따가운 시선을 감수해야 한다.

우리나라 남자들에게는 금기시되는 장발과 수염이 이슬람 사회에서는 정반대로 받아들여진다. 남자라면 마땅히 수염을 잘 가꾸고 정성껏 길러야 한다. 만일 그렇게 하지 않을 때 사회적 비난을 받을 뿐만 아니라 직장에 다니는 남자의 경우 감봉 조치를 당하기도 한다. 이런 사회에서 여자는 무학이 상책이라는 견해가 지배적이다. 여자가 직업을 갖는다는 것은 용서할 수 없는 일이다. 그래서 포목점 일도, 차 배달도 남자가 한다. 우리는 다방에 전화를 걸어 마담을 통해 차 배달을 시킨다. 파키스탄 북서부 페샤와르에서는 남자 사환을 길 건너 찻집이든 시장 모퉁이 차이하네(chaihane, 찻집)*든 심부름을 보내 그 가게 남자 주인에게 주문을 하게 한 뒤 찻집 남자 배달부로 하여금 차를 가져와 서빙하게 만든다. 남자들의 천국에서는 바깥일은 뭐든 남자가 한다.

치장의 욕구는 아주 원초적이다

이렇게 문화는 다른 것이다. 한 곳의 문화가 다른 곳에서도 절대적 가치를 갖는 건 아니다. 시간이 달라지며 문화는 변화하기도 한다. 그런 관점에서 우리는 과거의 문화, 다른 지역의 문화에 대해 모르는 게 너무도 많다.

요즘 우리나라 젊은 남녀들이 문신의 유혹에 빠진 듯하다. 한때 문신은 조폭의 상징이었다. 근래에는 개성 있는 미의 표현이거나 향유(享有)로 자신이 즐겁기 위해 자신의 몸에 자신이 마음에 드는 문신을 한다. 여기에 옳고 그름의 판단은 큰 의미가 없다. 미추(美醜),

---

* 차이하네는 인도, 파키스탄, 이란, 중앙아시아 등지에서 보게 되는 찻집이다. 대개 홍차에 우유, 설탕을 첨가해 만드는 밀크티로 인도 사람들은 계피, 카드멈(cardamom) 같은 향신료를 넣은 마살라 티(masala tea)를 즐겨 마신다. 마살라는 향신료(spice)라는 말이다.

즉 '아름답다, 추하다'만이 문신에 대해 드러내 보일 수 있는 반응이다. 그런데 문신은 왜 하는 것일까? 개성미? 유행? 위협의 수단? 과거에 그리고 지금도 일부 종족들 사이에서는 문신은 고통을 인내하는 남성다움의 표현이다. 몸을 캔버스로 한 아름다움의 표현이기도 하다.

뉴질랜드 원주민 마오리족의 문신은 부족의 상징과도 같은 것이다. 동남아시아 태국, 라오스, 미얀마, 중국이 메콩강을 사이에 두고 국경을 접하고 있는 이른바 골든 트라이앵글(The Golden Triangle) 지역 일대의 산간에 거주하는 고산족 라후족 남자들도 문신을 한다. 구애의 수단으로서다. 코끼리와 더불어 사는 카렌족 남자들은 문신을 많이 할수록 여성들에게 인기가 있다. 이들이 아픔을 견디는 이유는 여자들의 환심을 사기 위해서다. 중국 운남성 두룽족 남자들 중에는 엉덩이에 문신을 하는 경우도 있다. 요즘 격투기 선수들 상당수는 자신의 몸을 화려한 문신으로 수놓고 대적의 링 옥타곤에 서서 상대를 노려본다. 이건 약육강식의 사회에서 상대를 겁주고 기선을 제압하려는 의도에서 문신을 활용하는 것이다. 그러나 애당초 문신의 기원은 다른 데 있다. 명나라 때까지 유구국(琉球國)* 으로 불렸던 나라가 강제로 에도막부 일본에 병합되어 일본인이 되었다. 이들 오키나와 사람들의 조상도 문신으로 유명했다. 고대 한반도 남부 지역을 거점으로

뉴질랜드 원주민 마오리족의 문신

* 조선조 유배의 섬 흑산도의 홍어 대상 문순득은 1801년 12월 홍어 사러 출항했다가 풍랑을 만나 제주도 남방 유구국을 거쳐 여송국(呂宋國, 필리핀)에 다시 표류 기착했다가 마카오, 베이징을 거쳐 3년 2개월 만에 돌아왔다. 이와 같은 문순득의 표류기는 정약전에 의해 『표해시말(漂海始末)』로 기록되어 전해진다. 또 당시 포르투갈 식민지였던 마카오에도 청나라 관리가 조사한 문순득의 기록이 보존되어 있다.
『표해시말(漂海始末)』이 전하는 유구인들은 남녀 구분 없이 한자리에서 차 마시며 담배를 권했다. 담뱃대, 담배통은 늘 몸에 지니고 가래침 뱉는 타구도 휴대했다. 남자는 코밑수염을 기르고 어깨에는 문신을 새겼다.

하던 변한(卞韓, 弁韓)인들도 문신을 했다. 그 이유가 무엇일까?

한때 '원킬'이라는 예명으로 불렸던 로커가 최근 자신의 이름으로 솔로 데뷔를 한 후 자신감 넘치는 모습으로 무대에 나왔다. 귀걸이를 한 것이 인상적이었다. 십여 년 전 우리나라 젊은 남아들 사이에서 노랑머리 염색과 더불어 귀걸이가 유행되었던 적이 있다. 그러더니 어느 결에 귀걸이 열기가 시들해졌다. 문제는 그 당시 남자가 염색을 하고 귀걸이를 한다는 게 기성세대들에게는 못마땅했다는 점이다. 남자의 치장은 일종의 사회적 금기였다. 그럼에도 20세기 말의 오롯한 이기주의에 입각하여 기성세대의 구태의연함에 저항하던 젊은이들이 40대가 되며 꾸밈의 방향을 바꿨다. 치장(make-up)에서 개조(make-over)로 방향 전환을 한 것이다. 수술 전과 후가 너무 달라 얼굴만 보고는 옛사람인지 식별하기 어려운 경우도 있다.

놀랍게도, 그러나 사실은 너무나 당연한 일이지만, 우리나라에서는 남자 여자 모두 어릴 적에 귀를 뚫고 귀걸이를 하는 풍습이 있었다. 삼국 시대 때부터 시작된 이 풍습은 고려 시대를 거쳐 조선 시대에 들어와서도 선조 때까지 전국 방방곡곡 널리 퍼져 있었다. 그런데 이 풍습이 어느 시점부터 과했던 모양이다. 『선조실록』에 다음과 같은 기록이 남아 있다.

"1572년(선조 5년) 9월 22일, 상(上, 선조대왕)께서 다음과 같은 전교(傳敎)를 내렸다.: "신체발부(身體髮膚)는 부모에게 물려받은 것이니 감히 훼손하지 않는 것이 효(孝)의 시초라고 했다. 하지만 우리나라에서는 크고 작은 사내아이들이 귀를 뚫고 귀걸이를 달아 중국 사람들에게 비웃음을 받으니 부끄러운 일이다. 앞으로는 이와 같은 오랑캐의 풍습을 일체 고치도록 널리 알려라. 서울은 이 달을 기한으로 하되, 만약에 꺼리어 따르지 않는 사람이 있으면 엄한 벌을 주도록 하라."

왕이 친히 젊은이들이 귀걸이를 하는 것이 오랑캐의 풍습이라며 금지하라고 명을 내린 것이다. 그러나 조선의 젊은 남성들의 치장 풍습은 임진왜란 때까지도 여전히 남아 있다가 어느 시점인지 명확하지는 않으나 관청의 풍기 단속이 성공을 거두었는지 그 후의 역사 기록에 더 이상 언급되지 않는다.

조선 성종조의 문인 성현(成俔) 선생이 중국 사신단의 일원으로 북경에 가는 길에 평안도 숙주에서 목격한 일은 우리의 상식을 완전히 벗어나는 문화현상이다.

"숙령관에 도착하니 고을 중에 인물이 번화하고, 붉은 치마, 비취색 살쩍[귀밑머리]을 한 수십 명의 기생들이 술단지를 끌어안고 벌여 앉아 있었다."(至肅寧館. 邑中人物繁華. 紅裳翠鬢羅擁酒樽者數十人)

개인의 자유가 최대한 보장되는 21세기 대한민국 서울거리에서도 찾아보기 힘든 전위적 여성들의 모습이다. 이런 일이 가능했다는 것은 문화사적인 측면에서 무얼 말하는 것일까? 문화는 만들어가는 것이라는 문화 역동성(力動性, culture dynamic)과 문화는 유지되어야 한다는 문화 정태성(靜態性, culture static)이라는 두 가지 개념에 비추어 볼 때 숙주 기녀들의 행동(아마도 의도된)은 문화 역동성을 표방한 과감한 마케팅 전략의 일환일 수 있다. 잠재적 소비자를 만날 수 있는 시장통에서 브랜드 이미지를 강화하는 프로모션 투어에 역점을 둔 고도의 마케팅이다. 역동적 문화는 창조성, 개혁, 파괴, 변화, 도전 등의 어휘와 접목되고, 정태

신윤복의 미인도

적 문화는 전통, 보수, 유지 등의 어휘와 어울린다.

과거 조선시대 숙주 기녀들의 의미 있는 거리 판촉은 역동으로서의 문화의 훌륭한 예라고 여겨진다. 그렇다면 정태(靜態)로서의 문화는 낯선 사람의 눈인사에도 당황해 하는 한국인의 수줍음을 예로 들 수 있겠다.

02

베르사이유 궁전 화장실의 비밀
: 냄새와의 전쟁과 향수의 탄생

파리에 가서 세느 강변에 자리한 루브르궁을 멀리서 그리고 가까이서 직접 본 사람은 알겠지만 걸작 예술품의 보물창고인 이 궁의 규모와 아름다움은 말로 표현하기 어렵다. 12세기 후반 필립 2세의 명으로 착공된 이 건축물은 처음에는 요새로 지어졌다. 그 후 수차례의 확장 공사를 거쳐 1672년 태양왕 루이 14세(1638~1715)가 이곳을 궁전으로 사용하기로 결정한다.

"왕이 곧 태양"인 왕조 중심의 절대군주제의 절정은 다섯 살 나이에 왕위에 오른 루이 14세에게서 찾아볼 수 있다. 키가 겨우 150cm에 불과했다는 그가 말했다. "짐이 곧 국가다." 보나파르트 나폴레옹도 장신은 아니었다. 사망 시 5.2 피에(167.6cm. 프랑스 1피에(pied)는 32.48cm. 영국 1피트는 30.48cm)로 당시 프랑스 남자들의 평균 키인 164.1cm보다는 3.5cm가 더 컸다. 그의 시대 프랑스군 신병의 72%는 신장이 150cm 이하였다고 한다. 나폴레옹은 이렇게 말했다. "나의 사전에 불가능은 없다." 이렇게도 말했다. "나의 키는 땅에서부터 재면 가장 작으나, 하늘에서부터 재면 가장 크다."

프랑수아 마로의 1693년 유화 작품 〈성 루이 기사단의 최초 작위 수여식〉

왕권신수설을 신봉한 루이 14세는 국왕의 권력은 신으로부터 부여받은 것이라고 믿었다. 그의 백성들도—생활상으로 보면 사실은 천민(賤民)이라고 해야 옳지만—그렇게 믿었다. 조상 대대로 오래전부터 그렇게 믿고 살아왔기에 그렇게 믿고 왕을 섬기고 따랐다. 그것이 민중들의 자연스러운 삶이었다. 그렇다고 단순한 생존 조건, 즉 의식주라는 기본적인 삶의 여건이 나아지는 것은 아니었다. 물론 왕이 백성을 위해 노력하지 않은 것은 아니었다. 남미가 원산지인 감자를 프랑스 식탁에 올려 식량난을 덜었다. 부르봉 왕가 최초의 왕 앙리 4세는 일주일에 한 번은 고기를 먹을 수 있도록 해 오늘날 프랑스인들이 주로 일요일에 먹는 '카코뱅(Coq au Vins)'이라는 닭요리가 이 때 생겼다. Coq au Vins은 '와인 속 수탉'이란 뜻으로, 왜 하필 수탉이냐고 묻는다면 정확히는 모르겠으나, 아마도 닭이 흔하고 값이 싼데다가 무엇보다 맛이 좋기 때문일 것이라 추정된다. 카코뱅은 라르동(베이컨), 버섯, 마늘, 당근, 양파 등을 물 대신 와인을 넣고 끓인 프랑스식 닭찜인데, 보통은 부르고뉴 산 적포도주를 사용하지

알아보기_ 앙리 4세(Henri IV de France)

앙리 4세(1553~1610)는 프랑스와 나바르(현재의 스페인 바스크 지방) 왕국의 왕으로, 카페 왕조 계열의 부르봉 왕가 최초의 왕이다. 프랑스 서남부 피레네-아틀란티크 지방의 포 성에서 나바르의 앙리(Henri de Navarre)라는 이름으로 태어났다. 위그노들의 수장으로서 당시 프랑스 내의 많은 종교 전쟁을 지휘했고, 1589년 프랑스 왕위에 오른 뒤에는 믿음의 자유를 부여하는 낭트 칙령을 반포하여 내전을 종식시킨 뒤 프랑스의 발전을 이끌었다. 재위 당시 성군으로서 국민들의 많은 관심과 사랑을 받았으나 1610년 파리 시에서 로마 가톨릭 교인의 손에 암살당하였다. 그는 1610년 살해될 때까지 20차례 이상 암살 기도에 시달렸고 그때마다 예수회의 관련성이 끊임없이 거론되었다. 특히 1594년 예수회 콜레주 학생 장 샤스텔의 암살 기도 후 예수회는 프랑스에서 추방되었다.
앙리 4세는 훌륭한 업적으로 앙리 대왕(Henri le Grand) 혹은 선량왕 앙리(le bon roi Henri)라는 별칭을 얻기도 했지만 평생 50명이 넘는 정부를 거느려 팔팔한 오입쟁이(le Vert galant)라는 별명을 얻기도 하였다. 그러나 1572년 앙리와 샤를 9세의 누이와의 결혼식에 뒤 이어 인류 역사상 가장 끔찍한 범죄 중 하나로 낙인찍힌 가톨릭에 의한 위그노파 개신교 신도들의 대량 학살 사건이 벌어졌다. <성 바르톨로메오 축일의 대 학살>이 그것이다. 바르톨로메오는 12사도 가운데 한 사람으로 '톨로메오'의 아들(bar)이라는 뜻이다.

만 지역 와인으로 만들기도 한다. 예를 들어, '카코뱅 죤느'(프랑스 동부 쥐라 주), '카코 리슬랭'(프랑스 북동부 알자스 지방), '카코 푸르프레'(부르고뉴 보졸레 지방에서 재배한 가메이 품종의 포도로 만든 보졸레 누보 사용), '카코 상파뉴'(상파뉴 지방) 등이 그렇다.

초승달 모양의 크루아상(croissant)은 전쟁의 부산물이다. 오스만 투르크군의 침공 앞에 국운이 풍전등화와 같던 때, 프랑스 사람들은 사납고 무서운 투르크 군대의 깃발만 봐도 치가 떨리면서 오금이 저렸다. 이방의 야만족을 어쩌지 못하는 심정에 누군가 크루아상을 만들었다. 원수의 깃발에 그려진 초승달 모양의 빵을 씹으며 프랑스인들의 마음은 다소 후련해졌다. 초승달은 이슬람 투르크군의 엠블렘이었다. 일종의 유감주술이랄까 빵 하나가 투르크 병사 하나였다.

루이 14세

루이 14세(1638~1715) 사후 채 백년이 지나지 않은 1789년 7월 12일 프랑스 대혁명이 발발한다. 구제도(앙시앵 레짐)의 모순을 견디지 못한 제3계급(부르주아지를 포함한 평민)의 평등 요구에서 비롯된 시민혁명의 효시가 바로 프랑스 대혁명이다.

그러나 잠복된 불만, 불평등한 사회체제의 타파에는 계기가 필요했다. 루이 16세 왕정의 방만한 군사비 집행 등의 재정 지출은 마침내 국가 재정의 궁핍을 초래한다. 과중한 세금이 부과되는 시점에 때맞춰 흉년이 거듭되고, 왕비 마리 앙투아네트는 목걸이 사건을 일으켜 민중의 위화감을 극대화시킨다. 바스티유 감옥 습격이 혁명의 도화선이 되었다. 물꼬가 터진 민중들의 물살은 파리 외곽의 왕궁 베르사이유(Château de Versailles)로 향한다.

루이 13세가 사냥철에 머물던 여름 별장을 아들 루이 14세가 1662년부터 확장공사를 실시한 뒤 1682년 파리에서 이곳 베르사유 궁으로 거처를 옮긴다. 이후 1715년까지 총 50여년에 걸친 대 역사 끝에 방대한 정원이 딸린 전체 길이 680m의 화려한 U자형 건축물 베르사유 궁을 완공한다. 1789년의 프랑스 대혁명으로 루이 16세가 혁명군에 의하여 강제로 파리의 루브르 궁전으로 궁정을 옮기기 전까지, 107년간 프랑스 정치의 심장이자 유럽 문화의 중심이었던 대궁전의 핫 포인트는 루이 14세가 친정을 한 17년을 기념하기 위해 17개의 유리창과 맞은편 벽에 같은 개수의 17개 거울을 붙여 총 578개의 거울로 장식된 방이다.

정작 중요한 것은 인간의 생리작용과 관계된 것이다. 지금은 당

베르사유 궁전: 왕궁건물, 거울의 방, 오페라 홀, 왕실 마구간, 왕실 菜園, 정원

연히 화장실이 있지만, 본래 이 건물에는 화장실이 설비되어 있지 않았다. 옛사람들은 어떻게 배설 문제를 해결했을까? 지역과 시대의 변천에 따라 화장실 문화도 다채로운 양상을 보인다. 배설 이후의 뒤처리 또한 흥미진진한 양상을 띤다. 향수 산업이 발달한 이면에는 체취를 감추고 싶은 인간의 욕망이 깃들어 있다.

고(故) 김소운(金素雲)선생(1907~1981)의 『목근통신(木槿通信): 일본에 보내는 편지』 중 1950년 9월 10일호 <선데이 마이니치(每日)>에 실린 좌담기사 '한국전선에 종군하여'를 읽고 미국과 일본 기자 3인의 한국과 한국인에 대한 멸시와 조롱과 폄훼에 분노한 나머지 '「선데이 마이니치」지의 기사'라는 타이틀로 실은 글에 보면 6.25 한국전쟁 때 한국을 찾은 각국 전쟁 특파원들이 본국에 송전한 서울발 기사의 바탕이 된 직접 체험담을 통해 당시 한국의 화장실 문화의 수준을 알 수 있다. 기자들의 전언인즉 이렇다.: "도시니 촌락이니 할 것 없이 온통 구린내 천지라서 독가스는 없어도 구린내에 코가 떨어지지 않으려면 가스 마스크가 필요하다."

1970년대까지만 해도 서울 같은 도시의 산동네 빈민가에는 집집마다 화장실이 있는 게 아니라서 공동화장실을 이용해야 했다. 아침마다 진풍경이 벌어졌음은 쉽게 상상이 된다. 우리나라만 그랬을 것인가. 런던이나 파리 같은 중세 유럽 도시 사람들은 집 안에 배설물을 모아두었다가 밤에 창 아래로 던지곤 했다. 그걸 아는 사람들은 머리에 오물을 뒤집어쓰지 않기 위해 건물 앞을 지날 때는 모자를 쓰고, 길바닥에 버려진 오물을 밟지 않으려고 하이힐을 신었다. 지독한 몸 냄새를 없애기 위해서는 향수를 뿌렸다.

조선시대 왕들은 실내에서 볼일을 봤다. 매화틀이라는 것이 변기다. 그리고 용변이 끝나면 옆에서 대기하던 상궁이 명주 수건을 이용해 뒤처리를 했다. 그리고 임금님의 똥 '매화'는 잿간에 옮겨졌을 것이다. 아마도 전문적으로 배설물을 치우는 거름치기가 있어 일정한 시간에 수거해 성 밖에 내다버렸을 것이고, 그걸 농민들은 거름으로 사용했을 것이다. 다른 나라의 경우도 마찬가지였을 것으로 보이나 호사가들은 이렇게 말한다.

프랑스의 베르사이유 궁에는 공식적인 화장실이 없었다. 평상시는 물론 파티라도 열리는 날이면 휴대용 변기를 이용하거나, 실외 숲속이나 나무 그늘 아래, 실내에서는 커튼 뒤에 몸을 가리고 몰래 볼일을 보았다. 하인들은 열심히 오물을 치웠지만 워낙 수많은 사람들이 기거하고 또 출입하는 곳이라 도저히 감당을 못할 노릇이었다. 당연히 궁전은 도처에 배설물로 넘쳐나고 그걸 밟지 않으려고 구두에 덧붙여 신는 일종의 나막신인 굽 높은 하이힐 '쇼핀'이 여성들 사이에서는 유행하게 되었다. 항시 냄새가 코를 찌르다보니 그를 견디다 못한 지체 높은 사람들은 수시로 향수를 뿌려 악취의 고통에서 벗어나곤 했다.

터키 산간마을 사프란볼루(Safranbolu)에 가면 비오는 날이나 진흙탕 길을 갈 때 남자들 구두에 덧대어 신는 갈로시(galosh)를 수제화로 만들어 판다. 일종의 오버슈즈다. 과거 우리나라에서는 삼국시대부터 진신이라는 것을 신었다. 주로 상류계층인 양반 귀족들이 비오는 날 신었던 이 신발은 생가죽을 기름에 절여 여러 겹 겹쳐서 만들어, 바닥은 원령돌기로 만들어진 징을 박아 진흙이 달라붙는 것을

배설물 처리

- 농촌은 별문제가 되지 않았지만, 도시는 문젯거리
- 도시의 부르주아 저택: 하수관과 변기를 갖춘 개인 화장실 소유
- 개인 화장실이 없는 도시 가정: 여러 가구가 화장실을 공동 사용
- 성이 있는 화장실은 대소변이 해자로 직접 배출
- 궁정 귀족층에서조차 대소변을 아무데나, 소변을 궁정의 담벼락, 방구석에다 보기도 했으며, 딴 사람이 있는 데서 방귀를 크게 소리내어 뀌는 것도 아직까지는 무례한 짓이 아니었다.

막았다. 서민들은 목혜(木鞋)라는 나무로 만든 나막신을 신었다.

흥미로운 사실은 의외로 사람들은 남이 용변 보는 모습을 봐도 자신의 엉덩이를 보여도 별로 부끄러워하거나 하지 않는다는 점이다. 조선시대 왕들이 궁녀가 옆에서 지켜보는 자리에서 태연히 볼일을 본 것이 그렇고, 루이 14세의 경우 먹는 것을 굉장히 즐겼는데, 장을 비워야 건강하다는 의사의 조언에 따라 설사약을 먹고 하루에 12번도 넘게 볼일을 보았다고 한다. 엉거주춤한 자세로 신하들과 업무에 대해 협의하고, 친한 귀족은 옆에서 말동무 노릇을 하며 기다리고 있다가 보드라운 천으로 왕의 엉덩이를 닦아주는 일을 가문의 영광으로 여겼다니 사람 사는 세상은 참 골고루 재미있다.

필자 개인의 경험담 하나. 인도여행을 하다가 특히 새벽녘 아직 동이 트기 전 시골마을을 지나다보면 어둠이 채 가시지 않은 길가에 혹은 들판에 사람들이 옹기종기 모여 있는 모습을 심심찮게 보게 된다. 자세히 보면 모두 쪼그려 앉아 볼일을 보고 있다는 걸 알 수 있다. 일상사인지라 이들의 얼굴에는 주변이 신경 쓰이는 데서 비롯된 불편함이 없다. 볼일을 마치면 들고 간 깡통의 물을 이용해 뒤처리를 한다. 이때 반드시 왼손을 사용한다. 오른손은 세수를 하거나 음식을 먹을 때 사용한다. 이렇듯 인도인에게는 나름의 손 사용 규칙이 있다.

인도 북서부 히말라야 산자락에 위치한 잠무-카시미르주의 주

도인 스리나가르에서 과거 라다크 왕국의 중심지 레를 향해가던 중 일행이던 스페인 처녀 요나가 황급히 버스를 세웠다. 분리 독립을 요구하는 카탈루냐의 주도인 바르셀로나 출신인데 볼일이 급했던 모양이다. 그러나 산중에 화장실이 있을 리 없고 마땅한 엄폐물도 없었다. 뒤에서 바라보는 다른 이들의 시선 아랑곳없이 앞으로 내달린 그녀가 선택한 자리는 겨우 몸을 가리는 바윗돌 앞. 잠시 후 볼일을 끝내고 아무렇지도 않은 듯 일어나 바지춤을 올리는 그녀의 모습을 보고 다국적의 버스 승객들은 일제히 박수를 쳤다. 그런가 하면 버스기사의 조수 노릇을 하는 무슬림 남자는 버스 옆에 쪼그려 앉아 침착하게 볼일을 보고 무심히 일어나서는 말없이 버스에 올랐다. 배설문화도 이렇듯 다르다. 그러나 우열이나 옳고 그르고의 차이는 없다. 다만 다를 뿐이다.

• 생각하기

아래 글은 조선일보 김광일 논설위원이 [만물상]란에 베르사유 궁에 대해 쓴 칼럼이다. 글을 읽고 어떤 참신한 아이디어, 창의적 사고를 끌어낼 수 있기를 바란다.

[만물상] 베르사유宮 호텔

2012년 런던올림픽을 몇 달 앞두고 영국 왕실이 힘든 결정을 내렸다. 왕실이 소유한 세인트 제임스 궁전을 일반에게 대여하기로 했다. 올림픽 동안만이라고 단서를 붙이기는 했지만 입때껏 없던 일이었다. 왕실 금고가 졸아들어 대책을 세워야 했다. 캐머런 총리도 송구스럽다는 표정으로 왕실 지원금을 줄이고 있었다. 이 궁전을 하루 빌리는 값이 3만 파운드, 5,400만 원쯤이었다. 헨리 8세가 지은 궁전이 470년 만에 처음 겪는 '수모'였다.

엊그제 프랑스가 베르사유 궁전 일부를 호텔로 다시 짓겠다고 했다. 지난해 622억 원이던 정부 지원금이 올해 531억 원으로 줄자 고육책을 냈다. '거울의 방'이 있는 본궁에서 90m쯤 떨어진 곳에 방치돼 있던 17세기 저택 세 채를 호텔로 꾸미기로 했다. 베르사유 궁은 "프랑스의 상징인 곳에서 왕실 체험을 할 수 있다"고 했다. 그러나 선뜻 나서는 업체가 없다. 일단 수익을 내야 하고 상당 부분을 베르사유 궁에 떼 줘야 한다.

스페인은 100년 전부터 수도원, 옛날 병원, 고성(古城)을 국영호텔 '파라도르'로 썼다. 지금도 100곳이 넘는다. 하룻밤 30만 원쯤 내면 고색창연한 파라도르에 묵을 수 있다. 오스트리아에 가면 합스 부르크 왕가의 여름 별궁 쇤브룬 궁전에서 '황제 스위트룸'을 즐길 수 있다. 잠만 자면 하룻밤 100만 원, 마차에 집사를 부리고 만찬까지 즐기면 서너 배 더 든다. 이탈리아는 아예 문화재급 건물 50채를 팔아 나랏빚 5억 유로를 갚았다. 폴란드는 고성 140채를 내놓았는데 이걸 사면 시민권을 덤으로 준다.

우리 문화재청도 서울 창덕궁 낙선재에서 숙박할 수 있도록 '궁스테이(宮 stay)'를 추진하려다 멈칫하고 있다. 낙선재 권역에 있는 건물 아홉 채 가운데 석복헌과 수강재를 고쳐 외국 관광객을 재우자고 했다. 숙박료가 300만 원이라는 얘기까지 나왔다. 한옥은 빈집으로 놔두는 것보다 사람이 들어야 오래간다고 했지만 반론도 많다. 조선의 왕궁으로서 체면이 깎인다고도 했다. 문화재청은 여론 눈치를 보는 것 같다.

베르사유 궁은 새로 꾸밀 숙박 시설에 '호텔 오랑주리'라는 이름을 붙였다. 오랑주리는 지중해 연안에서 들여온 오렌지 3,000그루가 그득한 대형 온실과 정원으로 돼 있다. 큰 화분에 심은 열대수도 많다. 새 호텔에서 오랑주리를 내려다볼 수 있다. 베르사유 궁은 해마다 700만 명이 찾는 명소다. 이곳저곳 다 보려면 입장료가 25유로다. 그래도 쪼들리다 못해 호텔을 추진한다. 빚 앞에 장사 없다.

03

예술가와 후원자
: 애증관계에서 피어난 불후의 명작들

나폴레옹은 파리를 제2의 로마로 만들고 싶어 했다. 파리 시가를 방사형으로 만든 것부터, 바티칸 아카이브에 수장되어 있던 비밀문서를 비밀리에 파리로 옮긴 일, 물의 도시 베네치아 성 마르코 성당의 상징인 청동말 네 마리를 탈취한 일 등 그의 원대한 꿈 실현 작업은 순차적으로 진행되었다. 자칫 성공할 뻔 했으나 역사는 그의 편이 아니었다.

세느강이 흐르는 파리 중심에 루브르궁이 있다. 현재는 세계 3대 박물관으로 전 세계로부터 찾아온 방문객들의 발길이 하루 종일 끊어지지 않는 번잡한 관광명소가 되어 있지만, 여기가 프랑스 대혁명이 일어나기 전까지 절대왕정의 군주들이 군림하던 치외법권 지대였다. 이곳 루브르 박물관에 세계 최고의 명화로 손꼽히는 다빈치의 작품 <모나리자>가 있다. 연간 관람객의 수가 약 7백 3십만 명(2016년 기준)으로 전 세계 1위를 차지한다. 이곳 건물 정면에 정말 안 어울리게 유리 피라미드가 있다. 그 수수께끼는 또 다른 수수께끼를 낳는다.

루브르 박물관 전경. 광장에 세워진 피라미드의 의미는 무엇일까?

뜬금없어 보이겠지만, 잠시 파리를 잊고 아래 자기소개서를 읽어보자. 그러면 필자의 의도가 물색없는 일이 아님을 알게 될 것이다.

"이루 말할 나위 없이 빛나는 존재이신 각하, 자칭 거장이요, 전쟁 무기의 발명가라고 일컫는 자들의 제반 보고서를 면밀히 검토해본 결과, 그들의 발명품과 소위 기구라는 것들이 흔히 쓰이는 물건들과 모든 면에서 크게 다를 바 없음을 알게 되었으므로, 다른 사람에 대한 편견 없이 용기를 내어 저만의 비밀을 각하께 알려드리려고 합니다. 각하의 편하신 시간 언제라도 다음에 기록한 일부 사항들을 직접 보여드릴 수 있기를 간곡히 부탁합니다.

1. 저는 물건을 쉽게 운반할 수 있는 매우 가볍고 튼튼한 기구의 제작 계획안을 갖고 있습니다.
2. 어떤 지역을 포위했을 때 물을 차단할 수 있는 방법과 성곽 공격용 사다리를 비롯한 헤아릴 수 없을 만큼 많은 여러 가지 도구를 만드는 방법을 알고 있습니다.
3. 높고 튼튼한 성벽으로 포격을 가해도 요새를 무너뜨릴 수 없는 경

우, 반석 위에 세운 성곽이나 요새라 할지라도 무너뜨릴 방책을 갖고 있습니다.

4 . 대단히 편리하고 운반하기 쉬우며, 작은 돌멩이들을 우박처럼 쏟아낼 포를 만들 계획안들을 갖고 있습니다.

5. 해전이 벌어질 경우, 공격과 방어 양쪽 모두에 적당한 여러 가지 배의 엔진을 만들 계획안이 있으며, 위력이 대단한 대포와 탄약과 연기에 견딜 수 있는 전함을 만들 계획안도 갖고 있습니다.

6. 또한 적에게 들키지 않고 땅 밑이나 강 밑으로 굴이나 비밀 통로를 만들어 통과하는 방법을 알고 있습니다.

7. 또 쉽게 공격 받지 않는 안전한 차량을 만들 수 있습니다. 대포를 갖춘 적이 밀집한 곳이라도 이 차량으로 밀고 들어가면 적은 흩어지지 않을 수 없을 겁니다. 그리고 차량 뒤를 따라서 보병 연대가 어떤 피해도 없이 적의 반격을 물리치고 진군할 수 있습니다.

8. 또 필요하다면 대포와 박격포, 가벼운 포까지 만들 계획안을 가지고 있습니다. 이것들은 흔히 쓰이는 일반적인 대포들과는 전혀 다르게 멋있고 세련된 모양을 갖추게 될 것입니다.

9. 대포를 사용할 수 없는 곳이라면 사출기와 덫을 비롯해서 놀라운 효과를 발휘하는 특별한 엔진을 만들어 사용할 수 있습니다. 간단히 말해 다양하고 무한히 많은 종류의 공격과 방어용 엔진을 공급할 수 있습니다.

10. 평화 시에는 공공건물이나 개인용 건물을 건축하는데 그 누구보다도 각하께 만족을 드릴 수 있다고 믿는 바입니다. 그리고 어느 곳에서든 다른 곳으로 물길을 낼 수도 있습니다.

11. 또한 대리석이나 청동, 진흙으로 조각상을 만들 수 있으며, 그림 또한 그릴 수 있습니다. 제 작품은 어느 미술가의 작품과 비교해도 뚜렷한 차이를 드러낼 것입니다.

12. 더욱 저는 청동 기마상을 만들고 싶습니다. 이 기마상은 각하의

아버님이 황태자님과 명예롭고 훌륭한 스포르차 가문을 영원토록 추억하게 할 기념물이 될 것입니다.

위에 말씀드린 사항 중에서 의심이 가거나 실용적이지 않다고 생각하는 내용이 있다면, 각하의 공원이나 각하가 원하시는 어느 장소에서든 제가 직접 시험해 보여드릴 수 있습니다.

이루 말할 수 없는 겸허한 마음으로 각하께 제 자신을 추천하는 바입니다.

작성자: 레오나르도 다빈치

부연설명: 1482년 밀라노의 섭정이었던
루도비코 스포르차에게 보낸 편지 중 일부로
<레오나르도 다빈치처럼 생각하기>(MIchael J. Gelb 지음)에서 발췌.

위의 글은 르네상스 이탈리아의 최고 화가인 빈치 마을 출신의 사생아 레오나르도 다 빈치가 서른 한 살 되던 해에 작성한 것이다. 무명에 가깝던 신예 미술가 레오나르도는 피렌체를 떠나 밀라노로 향한다. 그리고 그 곳의 지배세력인 스포르차 가문과 인연을 맺고자 시도한다. 그런 노력의 하나가 위의 자기소개서다. 화가라기보다는 발명가로서의 자신의 창의성을 강조하는 레오나르도의 의중은 무엇이었을까? 조르지오 바사리에 의하면 레오나르도는 이 창의적 자기소개서로 일자리를 얻는 데 성공했다. 그러나 실제로는 궁중에서 보다 선호하는 음악가로서의 재능과 파티기획자로서의 능력을 고려한 때문이었다고 한다. 천재이자 거장 레오나르도가 야외극이나 무도회 디자인에 시간과 재능을 쏟았다는 사실은 놀라운 일이다. 분명한 점은 예술가를 이해 못하는 왕과 귀족, 정치

다빈치가 자신이 고안한발명품들을 그린 설계도

가, 승려들 모두 레오나르도가 성화를 그리는 중간에 잠시 시간을 내어 음악회 디자인을 해 줄 수 있는 것 아니냐라고 생각했다는 점이다. 소위 말하는 사회의 지배층은 예술가를 절대 존경하지 않았다. 그저 그림 그리는 솜씨 좋은 일꾼에 불과한 존재로 간주한 것이다. 말년의 레오나르도가 프랑스의 프랑수아 1세의 요청으로 평생의 재산인 원고 묶음, 스케치, 몇 점의 그림을 들고 클로뤼세성 앙부아즈성에 가 그곳에서 3년을 머문 까닭이 여기에 있다. 이와 관련해서 그의 작업 노트에 적힌 글이 시사하는 바가 크다.

"나를 만든 것도 메디치 가문이고, 나를 파멸시킨 것도 메디치 가문이다."

인근 도시 시에나와의 경쟁에서 승리하고 마침내 피렌체 르네상스를 이룩한 가문이 메디치다. 은행업으로 부호가 된 이 집안의 영향력은 엄청났다. 자신들의 가문에서 교황을 배출했을 뿐만 아니라 예술가들을 후원한 것도 메디치 가문이다. 문화 예술에 미친 이들의 긍정적인 영향은 절대적이다. 일군의 작가들을 휘하에 두고 예술 사업을 실시했는데, 이를 후원인(patron) 제도라고 부른다. 당연히 주인의 눈에 들기 위한 경합과 시기가 발생한다.

레오나르도는 찬밥 대접을 받았던 것으로 보인다. 스무살 나이에 로렌초 데 메디치(Lorenzo de Medici)의 식솔로 들어가 고대 조각을 연구하고 여타 학문을 접할 기회를 얻게 된다. 이른바 인문학 교육을 받은 것이다. 그러나 로렌초 메디치의 눈에는 탐탁찮았을 수 있다. 10여 년의 견습 기간을 마치고 본격적 실무 작업을 시작할 즈음 까닭은 알 수 없으나 로렌초가 레오나르도를 내친다. 이것이 다빈치가 자기소개서를 써들고 밀라노로 떠난 배경과 원인이다. 일감 찾기, 레오나르도에게도 생존을 위해서는 일자리가 필요했다.

예술가와 시인들의 후원자였던 피렌체 공화국의 실질적 통치자 로렌초 데 메디치의 조각상

04

알몸의 미학
: 목욕문화

물이 귀하기도 했지만, 중세 유럽을 정신적으로 지배한 기독교는 목욕에 대해 부정적이었다. 유럽인들은 먹을 물도 끓이지 않고 날 것으로 마셨다. 그래서 물을 끓여 마시는 지역과는 달리 유럽에서는 콜레라 등의 수인성 질병이 만연했다. 채소도 익히거나 요리하지 않고 날 것으로 우적우적 씹어 먹었고 그 전통은 오늘날에도 여전하다. 중세 시대 온 유럽을 공포에 떨게 한 흑사병 또한 당시의 위생 상황과 관련이 있다. 흑사병이 유대인에게 감염되지 않자 미신과 광기에 사로잡힌 사람들은 신의 분노의 책임을 유대인에게 돌렸는데, 사실은 유대인들이 율법에 따라 손발을 자주 씻어 청결을 유지함으로써 질병을 예방했기 때문이다.

기독교가 세계 종교가 된 것은 로마의 콘스탄티누스 대제의 정치적 결단이 큰 역할을 했다. 교리와 전도라는 측면에서는 겁쟁이 베드로와 개종자 사도 바울이 일등공신이다. 영어로 Paul, 우리나라에서는 바오로라 부르는 복음 전도자는 사람이 따르기에는 너무나 가혹한 윤리 규정을 강요한다. 그는 목욕을 하느라 자신의 알몸을

바르톨로메오 몬타냐가 그린 사도 바울의 모습

보는 것조차 큰 죄악이라고 가르쳤다. 그래서 욕의(浴衣)라는 것이 생겼다. 옷을 걸치고 하는 목욕은 얼마나 불편했을까? 급기야 바울은 과격한 주장을 한다. "남의 여인을 두고 간음을 생각한다면 눈알을 빼버려라."

버트런드 러셀은 『결혼과 도덕』에서 목욕에 대한 기독교의 태도를 다음과 같이 조롱했다:

> "교회는 육체를 매력 있어 보이게 하는 일은 그게 어떤 일이든지, 사람으로 하여금 죄를 짓게 하는 경향이 있다는 이유로 목욕하는 습관을 비난했다. 불결한 것을 칭송했고, 신성한 냄새는 날이 갈수록 지독해졌다."

중세의 목욕시설을 보자면 부르주아만 개인 욕실을 소유했다. 도시에는 공중탕이 많았지만, 고급 매음굴로 이용되는 경우가 허다했다. 때문에 몸만 씻는 목욕탕은 따로 안내판을 설치하기도 했다. 농민들을 포함한 침묵하는 다수는 면도며 세면이며 목욕을 자주 하지 않았다. 그들은 위생적으로 취약할 수밖에 없었다.

불결함이 찬양되고, 개중에는 때투성이의 불결한 육체에서 풍기는 악취를 남성다움의 표시로 간주하는 사람들도 있었다. 이(蝨, 이 슬)는 '신의 진주'라 불렸고, 온몸이 이에 뒤덮이는 것을 성인(聖人)의 필수조건으로 여겼다. 당연히 남녀노소 막론하고 사람들 몸과 옷에는 기생충, 특히 이가 많았다.

기독교 윤리는 몸을 청결하게 하고 치장하는 목욕과 화장을 극도로 제한했다. 10세기 초 프랑스 부르고뉴 지방 클뤼니의 영주였던 기욤 드 아키텐느가 창설한 베네딕트회 소속 클뤼니 수도원(Abbaye de Cluny)은 수도사들에게 1년에 두 번(성탄절과 부활절)만 목욕을 하도록 규정했다. 수도사들은, 베네딕트 수도회의 규칙 "오라 에 라보라(Ora et Labora: 기도하고 일하라)"에서 알 수 있듯, 오직 예배를 엄격히 준수하고, 수도사 개개인이 저마다 깊은 신앙심을 지니고, "모멘토 모리(Momento Mori: 죽음의 순간)"를 염두에 두고 삶의 무상함에 대해 끊임없이 성찰할 것이 요구되었다.

이집트의 성 메리(St. Mary of Egypt)

이집트의 성 메리(344~421년)는 로마 가톨릭뿐만 아니라 동방 정교회, 오리엔트 정교회와 우니아트 교회(Uniate Church)라고도 하는 동방 가톨릭교회에서 고백자들의 수호성인으로 숭배 받고 있다. 미모가 빼어났던 메리는 12살에 가출하여 이집트의 알렉산드리아로 가서 구걸을 하거나 삼베 짜는 일을 하며 무절제한 육욕의 삶을 살았다. 서른 살 무렵 그녀는 <성 십자가 찬양 축일>을 기리기 위해 예루살렘으로 떠나는 순례자들 무리에 섞여 있었다. 그곳에서 그녀는 자신의 육욕을 채워줄 더 많은 상대를 찾을 수 있기를 바랬고 실제로 그렇게 되었다. 이런 그녀가 성묘의 교회 밖에 안치된 테오토코스(Theotokos, '신의 어머니')이신 성모 마리아의 아이콘(icon, 성상(聖像))을 보자 눈물을 흘리며 회개를 한다. 그리고 그녀는 하늘의 계시를 받고 요단강을 건너 사막에서 여생을 보냈다. 우연히 사막에서 그녀를 발견한 팔레스타인의 성 조시마스(St. Zosimas)에 의하면 그녀는 아무 것도 걸치지 않은 알몸에 사람이라고 할 수 없는 몰골이었다고 한다. 속죄를 위해 47년이나 목욕을 하지 않은데다가 오랜 세월 햇볕에 그을려 새까맣게 된 벌거숭이가 머리는 백발이 된 채 사막을 돌아다니는 모습을 보고 악마의 환상에 속고 있는 것이 아닌가 하는 의심이 들었다는 말이 수긍이 간다.

목욕조차 삼가야 하는 이런 엄격한 기독교 윤리의 지배를 받는 중세인들은 씻지 못하는 불편함, 몸의 때, 그리고 불쾌한 냄새를 어떻게 감당했을까? 한 달에 한 번씩 찾아오는 생리라는 불편한 손님을 맞이해야 하는 여자들은 더더욱 괴로운 문제가 아닐 수 없었을 것이다. 인간에게는 남에게 드러내고 싶지 않은 부분이 있다. 나쁜 냄새를 감추려는 것이 그 중 하나다. 좋은 향기도 오래 맡으면 두통이 생긴다. 나쁜 냄새는 당연히 불쾌하다. 냄새와의 전쟁. 인간은 향수라는 응축된 냄새로 원치 않는 냄새를 극복한다.

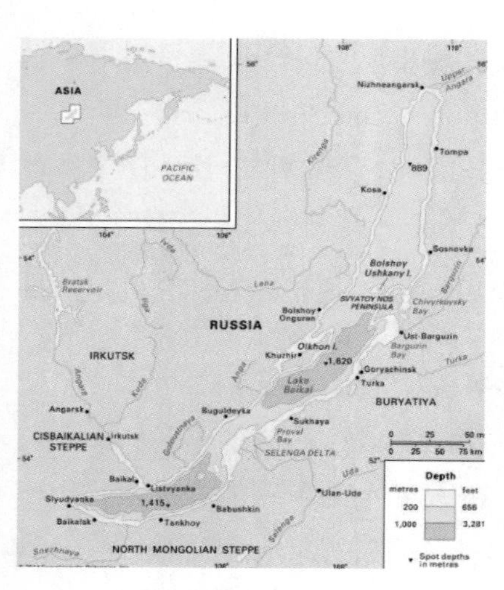

바이칼 호수의 위치도

고구려의 건국 시조 고주몽의 출자(出自)는 북부여다. 부여(夫餘)가 이리[늑대]를 조상 또는 토템으로 숭배하는 부리야드족(Buri－ad)의 한자 차자(借字)일 수도 있다는 생각으로 어느 해 여름 바이칼 호수 일대 지역을 여행한 적이 있다. 그곳은 과거부터 수많은 종족들의 유목지요 수렵생활의 근거지였다. 러시아식이기는 하지만 그 동네식 사우나 체험을 했다. 자작나무 향훈 감도는 사우나 룸 계단에 걸터앉아 잎새 달린 자작나무 가지로 벗은 몸을 때리며 사람은 별 짓을 다하는구나하는 생각에 실소를 금치 못했다.

동장군의 위세가 한반도와는 비교가 안 되는 중국 흑룡강성 하얼빈, 러시아 모스크바 크렘린 궁과 붉은 광장 주변을 흐르는 모스크바 강에는 겨울 추위에 도전하는 알몸의 남녀들 — 물론 옷을 입은 사람들도 많다 — 을 목격하는 일이 다반사다. 유럽 등에서는 예수 탄생일을 12월 25일로 정하고 축하하지만, 러시아 정교회에서는 1월 7일이 크리스마스다. 그날 예수 탄신을 기념해 상트페테르부르크의 얼어붙은 네바 강(the Neva)에 얼음구멍을 내고 거기에 몸을 빠뜨림으로서 예수의 고난과 십자가의 의미를 되새기는 의식을 거행한다. 평상시 겨울 네바 강변에는 겨울 추위 아랑곳하지 않고 알몸 일광욕을 즐기는 사람들이 있어 오가는 이들의 시선을 붙잡는다.

러시아 정교회의 명절인
예수 세례 축일의 얼음물 목욕

네바강이 흐르는 도시 상트페테르부르그. 1917년 볼셰비키 혁명 이전 제국주의 러시아의 수도였다.

기록에 따르면, 우리나라에서는 오래전부터 단체로 목욕을 하는 습속이 있었다. 3월상사(三月上巳: 3월 들어 첫 뱀날)에 행하는 계욕(禊浴)이 그것이다 민속학적으로는 계욕을 일종의 정화의례로 본다. 그러나 『삼국유사』「가락국기」에 언급된 계욕은 부정(不淨)을 씻기 위한 의도된 목욕이라기보다는 겨우내 참고 견딘 묵은 때를 벗기고 싶은 청결의 욕구, 불편함의 해소 의지에서 비롯된 소박한 단체행동이라고 할 수 있다.

'계'는 푸닥거리나 제사를 뜻하는 말로 불계(祓禊)라고도 하는데, 불은 재앙이나 악귀를 쫓는 푸닥거리를 해서 깨끗하고 맑게 한다는 뜻이다. 계욕을 불탁(祓濯)이라고도 한다. 떼지어 목욕을 하는 음력 삼월 삼짇날 계욕의 날에 신맞이 굿을 벌였다고 하는 기록으로 보아 오래전 사람들은 맑은 물에 몸을 깨끗이 씻어 경건한 마음으로 신을 맞을 준비를 했는지도 모른다. 기독교의 세례 의식이나 태국, 중국 남부 지역의 살수절(薩水節) 행사나 모두 묵은 때를 벗기고 새 마음으로 새해나 미래를 시작한다는 의미를 지니고 있다.

사실 대부분의 종교는 목욕을 죄를 씻는 상징적 행위로 간주한다. 기독교에서는 구원자인 예수 그리스도가 나타나기 전에 원죄(原罪)를 포함한 일체의 죄악을 회개하고 독생자이자 하나님인 그분이 오시기를 기다린다는 상징적 의미로 유대인들을 요단강물에 몸을 빠뜨려 정화시키는 세례의식을 행하던 요한이라는 선지자가 있었다. 그는 하느님의 백성들에게 외친다. "Repent! The day will come(회개하라. 그날이 올 것이다)" 그의 말인즉 "그날, 천국에 갈 그날은 아직 온 게 아니다. 사람이 뉘우치고 죄를 빌면 그날, 천주이신 하느님 아버지의 영접을 받아 천국에 갈 수 있는 그날이 언젠가는 올 것이다" 라는 의미일 것이다. 그는 마태, 마가, 누가와 함께 4개 공관복음서(共觀福音書) 중 하나인 요한복음을 작성한 요한 말고 다른 요한인 세례자(洗禮者) 요한(John the Baptist)이다. 그는 헤롯왕의 의붓딸 살로메의 사랑을 거부한 나머지 그녀의 미움을 사 목이 잘려 죽는다. 우리는 오늘 찬 물에 몸을 담가 대오각성(大悟覺醒)하거나 알고 또는 모르고 지은 죄를 씻어버리도록 하자.

세례자 요한의 목을 든 살로메
상단 왼편에서 두 번 째의 것은 안드레아 솔라리오 작품이고 그 옆의 그림은 귀도 레니의 작품이다. 하단 두 번 째 작품은 프랑스 화가 피에르 보노가 그렸고, 그 옆 오른편의 것은 르네상스 화가 티치아노가 그린 살로메다.

죄도 세월 따라 달라진다. 성경은 남자들 간의 동성애를 극도로 혐오한다. 동성애에 빠진 도시 소돔과 고모라는 성난 신 야훼의 유황불에 의해 푸성귀까지 무참히 불타 없어지고 도시와 사람들은 파괴되고 타죽는다. 동성애가 빌미가 되어 기브아는 전쟁으로 초토화되기에 이르렀다. 이 타락한 도시의 이름 소돔(Sodom)에서 항문성교를 뜻하는 sodomy가 비롯되었다. Sodom은 초기 셈어에서 나온 말로 '강화하다'라는 의미의 아랍어 sadama와 관계가 있어 보인다. 히브리어 아모라(Ămōrāh)에서 파생된 고모라(Gomorrah)는 "깊다(be deep)", "(물이) 풍부하다(copious (water))"는 뜻을 지닌 말이다.

흔히들 비역(屁役)이니 계간(鷄姦)이니, 혹은 남색(男色)이라고 하는 말하기 조심스러운 표현들이 특히 구약성경에 많이 나오는 까닭은 왜일까? 밴대질은 또 무얼 말하는 것일까? 왜 이런 일들이 죄악이 되어야 했을까? 최근 필자의 친구는 여행담을 늘어놓다가 얼마 전 또 다른 남자 친구와 북극 근처까지 가서 관광객을 위한 이글루에 묵었는데, 자신들만 남자 커플이어서 다른 사람들이 쳐다보는 눈길이 거북했다고 말했다.

05

글자에 담긴 문화
: '집 家'에 대한 판단의 오류

누군지는 잘 모르겠으나 상형 문자인 '집 가(家)'를 풀이하면서 갓머리 아래 돼지 시(豕)가 있다는 점에 착안하여 우리나라 제주도에서 예로부터 돼지를 변소 아래에서 키우던 풍속과 연관지어 家라는 한자어는 동이족이 만든 글자라고 주장했던 걸 기억한다. 그런데 家의 훈을 계집으로 보고 음을 고(姑)로 읽기도 한다.

실제로 중국 남부와 인도차이나 반도 산악지대, 인도네시아나 필리핀의 아열대 정글에 사는 사람들은 땅의 습기와 뱀, 지네 등의 파충류와 해충, 또 멧돼지 같은 야생동물로부터의 피해를 예방하기 위해 고상가옥에서 생활을 한다. 그러나 말이 고상가옥이지 땅에 기둥을 세우고 그 위에 집을 올린 일층은 텅

태국 북부 산악지대에 살고 있는 고산족들의 가옥

빈 이층짜리 대나무 집에 불과하다. 따라서 개와 닭, 오리, 돼지 등은 집 아래의 지상을 오가며 아무 곳에서나 자고 먹고 한다.

동남아시아 고산족의 가옥구조와는 다르지만 제주도 민가에는 돼지우리와 측간, 즉 변소 공용의 통시가 있다. 이 구조물의 저상부는 돼지울 간이고 고상부는 변소다. 사람들이 위에서 볼일을 보면 아래쪽에 있던 돼지들이 그걸 받아먹는다. 인간 배설물을 처리하는 데 있어 아주 위생적이고도 효과적인 방법이다. 똥돼지라고 부르는 이 가축의 고기가 관광상품으로 제주를 찾는 방문객들의 미각을 즐겁게 해주고 있다.

그런데 이런 식으로 돼지울 간이 변소 아래에 자리 잡고 있는 곳은 우리나라 경남 통영, 거창, 합천, 함양, 전남 광양, 그리고 이북에는 함북 회령 등지다. 일본 류큐(오늘날의 오키나와), 필리핀, 인도네시아 같은 섬 지방 또한 대개 이런 식의 구조를 갖고 있다고 한다(윤일이 지음, 『동중국해 문화권의 민가: 제주도, 큐슈, 류큐, 타이완의 전통건축 이해하기』(아시아총서 24), 산지니, 2017, 71－72쪽 참고).

결국 집 家라는 한자가 동이족의 문화와 긴밀한 관련이 있다는 주장은 설득력이 약하다. 금문(金文)으로 기록된 창 족보 <삼병명>에 부일계(父日癸)라고 새겨져 있는 여목(余目; 餘目)이라는 인물은 전욱(顓頊) 고양씨(高陽氏)의 넷째 아들이다. 여목 가문의 동물 토템은 돼지였다. 그래서 宋代 설상공(薛尙功)의 『역대종정이기관식(歷代鐘鼎彝器款識)』 권 3~45에 탁본된 시유(豕卣(돼지 시; 술통 유))에는 돼지와 돼지 옆구리 복판에 우물 정(井)을 원이 둘러싸고 있는 형상 즉 '넉 사(四)'가 보이는데 이것이 바로 돼지 가문의 네 번째 아들을 가리키는 것이다. 결론적으로 고대 문자인 금문 연구를 통해 지금껏 우리가 '갓머리 면(宀)'과 '돼지 시(豕)'가 합쳐진 것으로 알고 있는 글자 '집 가(家)'는 똥돼지 문화와는 전혀 관계가 없고, 오히려 전욱 고양씨의 넷째 아들 집안의 동물 족칭(族稱)에서 비롯된 한자라는 것을 알 수 있다. 아래 금문을 보면 B11193과 B11194에 돼지가 그려져 있는 것을 확실히 알 수 있다.

B11193	B11194	B11195	B11196	B11197	B11198	B11199
B11200	B11201	B11202	B11203	B11204	B11205	B11206
B11207	B11208	B11209	B11210	B11211	B11212	B11213
B11214	B11215	B11216	B11217	B11218	B11219	B11220
B11221	B11222	B11223	B11224	B11225	B11226	B11227
B11228						

집 家'의 金文 異形態

위 금문을 아래의 갑골문과 비교해 보아도 역시 집의 주인은 돼지임을 알 수 있다.

J17437	J17438	J17439	J17440	J17441	J17442	J17443
J17444	J17445	J17446	J17447	J17448	J17449	

집 家'의 甲骨文 異形態

한자는 형상을 본 따 만든 글자이지만, 그 의미소(意味素)를 잘 들여다보면 그 속에서 문화적 콘텐츠를 발견하게 된다. 결국 글자의 생성에서 사람들의 보편적 정서나 사물과 현상에 대한 이해 및 인식 정도 또는 차이를 알 수 있다. 이런 점에서 문자 여행은 역사와 문화에 대한 이해가 선행될 때 더 빛을 발하게 된다. 문화는 우리 삶이 이뤄놓은 것이고, 역사는 지나간 삶의 궤적이다.

장쯔이 주연의 중국 영화중에 <야연(夜宴)>이 있다. '야연'은 "밤에 열리는 잔치"라는 의미의 한자 어휘인데, '잔치 宴'이 '갓머리 宀'과 '날 日', '계집 女'로 구성되었다는 게 무척 신기했다. 세월이 달라지고 사람과 사람살이가 변하다보니 하다하다 돈잔치, 빚잔치라는 말까지 생겼지만 잔치를 뜻하는 한자어 '宴'에 '女'가 들어가야 할 까닭이 없어 보였다. 이에 대해 『설문해자』는 '宴'이란 글자는 "安也。引伸爲宴饗。經典多叚燕爲之。从宀。妟聲。妟見女部。安也。於甸切。十四部。五經文字曰。字林作宴."이라 해서 "여자가 집에서 둥근 방석이나 베개에 기대어 쉬는 모습에 대한 상형으로 '편안함'의 뜻"이라고 했다. 그래서 본래 "집 안에서 쉬다, 편안하다"라는 뜻의 말이 변전하여 '잔치'를 의미하게 된 셈이다.

'家'와는 또 달리 '집'을 가리키는 그 밖의 다른 글자들을 살펴보면 집 택(宅), 집 옥(屋), 집 관(官), 집 우(宇), 집 주(宙), 집 당(堂) 등이 있다. '집 당(堂)'은 "서당(書堂: 鄕의 학교), 강당(講堂), 법당(法堂)"에서 보듯 공적인 장소로서의 건물을 가리키고, 매월당 김시습(梅月

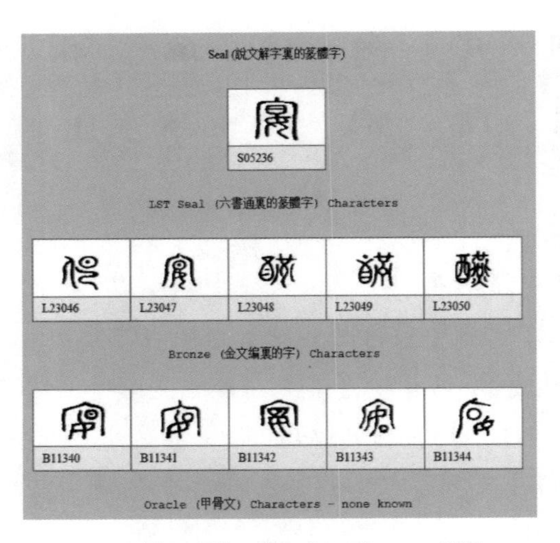

잔치 宴'의 금문 이형태(표 맨 아래 부분)

堂 金時習), 사임당 신씨(師任堂 申氏)에서의 堂은 작지만 아담한 공간에 의미를 부여하는 당호(堂號)로 기능한다. 허난설헌(許蘭雪軒), 동헌(東軒), 오죽헌(烏竹軒) 등에 공통적으로 사용된 '헌(軒)'은 본디 "대부(大夫) 이상이 타는 수레"를 가리켰다. "추녀가 있는 집"을 뜻하는 것으로 보기도 하지만 '수레 거(車)'가 있는 이상 유목민의 이동식 펠트 천막집을 가리킬 가능성을 완전히 배제할 수는 없는 것 같다.

중국 대륙을 서에서 동으로 관류하는 양자강(揚子江)을 장강(長江)이라고 하는 건 길이를 염두에 둔 명칭이고, 황하(黃河)는 물의 빛깔이 황토색으로 탁해서 붙여진 이름이다. 흑룡강, 루비콘강, 홍해 등도 물색을 거무튀튀하게, 붉게 본 데서 비롯된 명칭들이다. 문제는 江은 뭐고, 河는 무엇이며, 水는 또 江과 河는 어떤 차이가 있느냐 하는 것이다. 江은 비교적 똑바로 흐르는 물이요, 河는 꾸불꾸불 뱀의 움직임처럼 굴곡을 이루며 흘러가는 강이다. 그런데 세월이 지나며 양자를 구별해 사용하기가 귀찮다보니 그냥 江으로 통일해 쓰는 경향이 있다. 그래서 과거의 한수(漢水)를 지금은 한강(漢江)이라고 부르는데, 아무리 생각해도 이상한 것은 우리나라 수도 서울(중국 사람들은 한성(漢城)이라고 부름)을 왜 한성(韓城)이라 안 하고 漢江을 왜 韓江이라고 안 하느냐다.

사람이 궁금해 하든 말든 한강은 흐른다. 과거 해마다 봄이 오면 이 강물에 남녀 가릴 것 없이 모여서 목욕을 했더랬다. 수많은 알몸을 목격한 한강, 수없는 비원(悲願)을 말없이 들은 한강은 '큰 강'이었다.

06

나도 방이 필요해요

: 모쒀족의 사랑

남녀가 적당한 연령에 이르면 본능에 따라 짝을 찾아 헤매고, 구애행위를 하고 마침내 법적 부부가 된다. 그런데 부부가 반드시 남1 대 여1이어야만 한다는 법은 없다. 사람들은 저마다 별나게 산다. 남녀가 힘을 합쳐 자식을 낳아 종족 보존에 이바지하는 사람들이 있는가 하면, 딩크족처럼 후손을 보려는 생각은 전혀 없는 부류가 있다. 일반적으로 종족보존의 역사적 사명을 띠고 합방을 하는 경우는 거의 없다.

* * *

도시와 그 주변 산천을 바라보고 있자면 가슴이 서늘하니 눈가에 눈물이 맺히는 곳, 게다가 사람들이 모여 사는 정겨운 기와집 동네의 예스러운 모습에 어울리게 이집 저집을 거쳐 흐르는 맑은 시냇물 소리를 귀 기울여 듣고 있으면 절로 마음이 편안해지는 곳, 여기는 내가 좋아하는 여행 목적지 중국 운남성 리장(麗江)이다.

해발 2,685m에 위치한 루꾸호의 모습.
배경을 이루고 있는 산은 모쒀족의 어머니산인 꺼무산이다.

지금으로부터 24년 전인 1996년 1월 중순 나는 여자가 가장인 모계사회를 만나기 위해 리장을 거쳐 루꾸호 일대의 모쒀족 마을을 찾았다. 그곳은 여인 천국이었다. 당시 거기까지는 비포장 산길로 리장 시내에서 승합차로 9시간여 걸렸다. 거기서 돌아와 얼마 지나지 않은 2월 3일 저녁 나시족 자치현인 리장을 진앙지로 그 일대의 광범위한 지역에 리히터 규모 7.0의 강진이 발생했다. 디칭, 다리, 누장 등 소수민족들의 주 거주지역에까지 지진의 여파가 영향을 미쳤다. 예상 못한 자연 재해로 인해 수백 명이 사망하고 수천 명이 크고 작은 부상을 입었다. 기반시설이 입은 피해도 엄청났다.

그런데 다른 곳은 인명과 재산 피해가 상당했으나 성벽 없는 고대 도시 리장은 멀쩡했다. 예로부터 도시는 성읍(城邑)의 형태로 시작되었다. 이곳은 木씨 성을 가진 사람이 다스렸기에 사방에 성벽을 쌓으면 목씨가 갇히는 형국인 '困(괴로울 곤)'이 되므로 그래서는 안 된다 믿어 외세의 위협에도 성을 축조하지 않았다고 한다.

밤의 리장 거리

리장 시내를 빼곡하게 채운 기와집들

리장은 과거 운남성 남부 시샹반나에서 시작되는 차마고도(茶馬古道) 상의 주요 기착지(寄着地)로 서쪽의 나라, 티베트, 네팔, 인도 등지로 차를 실어 나르는 마방(馬房)들의 발길이 끊이지 않던 곳이다. 지금은 도시 곳곳 찻집이 있어 현지인이든 여행자든 안에 들어가 자리 잡고 앉으면 FOC(Free of Charge)로 차를 대접받을 수 있다. 이런 풍요로운 차 인심이 있는 리장 일대는 동파(東巴)문화의 주역

나시족(納西族)의 본향이다. '피부가 검은 사람'이라는 뜻의 나시족은 백족(白族), 이족(彝族)과는 형제지간이었다고 한다. 당연히 마방들은 나시족, 바이족, 이족, 장족(藏族, 티베트족), 창족(羌族), 캄파(康族) 출신의 남자들로 구성되었다.

여기 사람들이 어느 종족 할 것 없이 피부가 구릿빛인 것은 지대가 높고 하늘에서는 무공해 따가운 햇살이 쉼 없이 내리쬐기 때문이다. 여기 리장에서 동북방으로 300공리(公里, 중국의 거리 단위로 1공리는 1km) 정도를 가면 수면의 해발고도가 2,685m나 되는 루꾸호가 나온다. 운남성(雲南省)과 사천성(泗川省)의 경계 역할을 하는 호수다. 요즘은 6~7시간 남짓이면 되지만 과거 도로가 비포장 상태일 때는 승합차로 10시간 가까이 걸렸다.

루꾸호는 이 일대에 거주하는 모쒀족에게는 어머니와 같은 호수다. 호수 주변 마을 집집마다 여자가 가장이다. 루이스 헨리 모건이 말한 원시 푸날루아(punalua) 사회, 다시 말해 집단혼인 사회와는 거리가 있지만, 여자가 사회경제적 주도권을 갖는 모계사회가 이곳에 현존해 있는 것이다.

모건의 명저 『고대사회』는 원시시대 남녀의 성과 결혼의 형태를 밝힌 책으로 원시 종족의 생활상에서부터 그리스, 로마시대의 고대 문명사회에 이르기까지 다양한 성(性)과 결혼의 관습 문제를 다룬 인류학적 보고서라 할 수 있다. 모건이 이 책에서 다룬 푸날루아는 일부다처나 일처다부, 경우에 따라서는 다부다처의 남녀 동거 형태를 말하는데, 이런 혼인 풍습은 티베트나 네팔, 부탄 등에 여전히 존속하고 있다. 당장에 부탄의 전임 국왕은 세 자매와 결혼했고 국왕 자리에서 물러난 뒤에도 한 집에서 사이좋게 잘 살고 있다.

루꾸호 일대에 사는 모쒀족의 풍습은 남다른 데가 있다. 우선 남녀가 한 울타리에 살지 않는다. 결혼식 같은 행사도 없다. 정을 주는 사람의 숫자에도 제한이 없다. 모쒀족의 특이한 점은 아쭈혼이라는 관습에 있다. 남녀가 서로 마음이 통하고 애정이 생기면, 정표를 주고받음으로써 서로의 아쭈와 아샤가 된다. 아쭈와 아샤는 우리 식으로 말하면 애인 정도 되겠다. 남자는 자신의 아샤가 된 여자에게 허리띠나 팔찌를, 여자는 사랑하게 된 남자 아쭈에게 모자나 반지 등을 선물한다.

이렇게 해서 아쭈와 아샤가 된 신혼부부(?)는 만날 날을 정한다. 약속한 날 해가 떨어지기 무섭게 마음 급한 남자가 자신의 아샤네 집으로 향한다. 단장하고 기다리던 아샤가 아쭈의 기척에 문을 열어 맞이하고 둘은 둘만의 시간을 보낸다. 다음날 새벽닭이 울고 해가 뜨기 전 남자는 아쉬운 마음 남겨두고 엄마나 누나가 가장인 자신의 집으로 돌아간다. 돈이 생기면 가장에게 맡긴다. 그에게 자식은 누나나 누이가 나은 아이들이다. 자신과 아샤와의 사이에 자식이 생기면 이름을 지을 때 아샤의 성을 따른다. 여자는 자기가 낳은 아이가 누구의 자식인지 알지만 양육은 어디까지나 여자의 몫이다. 아이들은 외삼촌을 아버지로 안다. 내 자식을 자식이라 부르지 못하는 아버지 마음은 무척이나 쓸쓸하다. 누이의 자식인 조카를 내 자식이라 부르며 사는 남자의 처지는 딱하다.

재미있는 것은 아차 실수로 더블데이트를 해야 할 상황이 벌어진다. 그런 경우에는 누가 먼저 왔느냐가 중요한 게 아니라 나이가 더 든 남자에게 연하의 남자가 자리를 양보해야 한다는 불문율이 존재한다. 민망하면서도 코믹한 상황은 아쭈와 아샤가 이야기를 주고받거나 술상을 사이에 두고 즐거운 시간을 보내고 있는데 또 다른 아쭈가 찾아오는 경우다. 그러면 먼저 와 있던 아쭈가 주섬주섬 옷을 입고 방문을 열고 밖으로 나선다. 연상자 우선주의라는 미덕이 모쒀족 마을을 지탱하고 이끌어가는 원동력이다.

모쒀족의 독특하면서도 흥미로운 풍습은 성년식이다. 13세가 된 여아는 성년식을 치르고 자기만의 방을 갖게 된다. 그렇게 해서 사회적으로 여아가 아닌 여성으로 인정받게 된다. 다른 말로 하면 맘에 드는 남자를 사귈 수 있는 권리가 주어지는 것이다. 대개 춘지에(春節, 우리나라의 설) 다음날이나 그 다음날 치르게 되는 성년의식을 '치마입기 축제'라고도 한다. 치마는 여성성을 대표하는 것이다.

성년이 되기를 기다리던 모쒀족 소녀는 성인식을 치르는 날이 되면 먼저 물을 데워 목욕을 하고 언니나 이모의 도움을 받아 모쒀족 전통의상으로 성장을 한다. 이날 라마(티베트 불교의 승려)가 초청되어 경을 읽고 축원 의식을 거행한다. 소녀는 두근거리는 마음으로 집안에 늘 피워두는 모닥불 왼편의 여자 기둥 곁으로 간다. 그리고 오른손에는 은 장신구나 보석류를 들고, 왼손에는 무명천이나 베조각을 든 채 쌀자루와 딱딱하게 굳힌 넓적한 돼지기름 덩어리를 밟고 선다. 오른손에 든 장신구는 아름다운 여인으로 성장하겠다는 의미요, 왼손에 든 천은 유능하고 부지런한 사람이 되겠다는 의지를 나타내는 것이다. 돼지기름과 쌀자루 위에 올라서는 것은 양식 걱정 없이 풍요롭게 살아가길 기원하는 마음에서다. 마침내 승려가 가족을 대신해 조상신은 물론 여러 신들에게 제물을 올리고 나면 가족들은 물론 축하 차 찾아온 친지들의 덕담이 쏟아진다.

전통의상을 입은 모쒀족 여인들

모쒀족 여인들의 전통의상은 굉장히 아름답다. 흑단 같은 머리를 틀어 올리고 비단 띠를 허리에 두른 소녀는 이제 더 이상 어린아이가 아니다. 순식간에 숙녀가 된 그녀는 모계사회의 어엿한 구성원이 되었음을 알리는 신고식을 올린다. 웃어른들에게 술을 따라 올리고 엎드려 절을 한다. 인생살이 선배인 어머니와 다른 여성 동지들은 웃으며 격려한다. "팔찌를 수 없이 받고, 옷과 음식은 평생 동안 넘치길

바란다." "5녀 3남만 낳아 오래오래 행복하라." 여자가 근원이라 여기는 모쒀인들이지만 남아도 비슷한 성인식을 치른다. 다른 점은 남아는 실내 모닥불 근처 오른쪽 기둥에 서서, 손에는 칼과 은화를 든다는 것과, 전통 옷으로 갈아입는 일을 남자 친척들이 거들어 준다는 것뿐이다.

루꾸호변의 모쒀족 마을 이장집에 묵었다 떠나오던 날 리장에 볼 일 있다며 함께 차를 타고 나온 이장의 여동생에게 슬쩍 물었다. "아쭈는 몇 명이나…" 심플한 답변이 돌아왔다. "세 명." 현지 여행을 도와 준 열여덟 살 뻬마라쵸는 수줍어하며 답을 안 했는데, 어느 곳에 사나 사람은 저마다 성정이 다른가 보다.

07

건국 신화

: 늑대 vs. 알

"모든 길은 로마로 통한다"고 했다. "로마는 하루아침에 세워지지 않았다"는 말도 있다. "로마에서는 로마법을 따르라"는 여행자 맞춤형 속담도 있다.

역사의 무심함과 인심의 냉정함을 보여주는 과거 로마의 정치 경제 중심지 로마 광장 포로 로마노(Foro Romano) 유적, 트레비 분수와 그 옆 골목의 백년도 넘은 젤라토리아, 단일 건축으로 가장 큰 돔을 갖고 있는 만신전 판테온, 그리고 그 앞의 로마 최고 젤라토리아.

막상 가보면 별 것 아니지만 젊은이들로 들끓는 스페인 광장 앞 돌계단과 아이스크림을 먹는 너와 너, 널따란 라보나 광장의 자유로운 분위기와 행위예술가, 음악가, 화가, 그리고 관광객, 낡고 오래되었지만 위용 넘치는 콜로세움과 사진촬영용 글래디에이터들, 교회의 반석이 된 겁쟁이 베드로의 유해 위에 지어진 베드로 성당과 시스티나 성당으로 이어지는 박물관 콜렉션의 부유함, 팔라티노 언덕, 캄피돌리오 언덕, 자니콜로 언덕, 손가락 잘릴까 조마조마 손 집어넣는 진실의 입, 벌거벗은 로마 목욕문화의 절정 카라칼라 목욕장, 마메르

로물루스와 레무스 형제를 발견해 집으로 데려와 아내에게 건네는 목동 파우스툴루스(니콜라스 미나르드의 1654년 작품)

티노 지하 감옥과 죄수 베드로와의 갈증을 풀어준 지하수, 통일 이탈리아의 영웅 주세페 가리발디 장군 동상이 서있는 자니콜로 언덕, 거기 매점에서 카푸치노 한 잔 사들고 로마 시내를 내려다 볼 때의 감회.

그가 말했다. "Roma o Morte(로마냐 죽음이냐)" 오스만 투르크 제국의 통치에 항거한 그리스인들은 "엘레프테리아 이 타나토스(자유냐 죽음이냐)"를 외쳤다. 심약한 햄릿은 "To be or not to be"라며 절규했다.

"Give me liberty, or give me death(자유가 아니면 죽음을 달라)" 이건 1775년 4월 23일 버지니아 식민지 의회에서 하노버 카운티의 대표로 참석한 패트릭 헨리라는 사람이 연설 도중 한 말이다.

위대한 제국의 수도 로마는 누가 어떻게 건설한 것일까? 로마를 세운 것은 로물루스와 레무스 형제다. 전설에 의하면 이들 형제는 로마 팔라티노 언덕에서 늑대의 젖을 먹고 자랐다.

로물루스와 레무스 형제가 늑대 젖을 먹고 있는 모습을 묘사한 조각품

트로이 전쟁의 영웅 아이네아스의 후손들이 로마의 남동쪽 알바롱가(Alba longa) 지역에 자리를 잡고 살았다. 어느 때 누미토르(Numitor)와 아물리우스(Amulius)라는 형제가 씨족의 상속권을 놓고 다툼을 벌였다. 동생인 아물리우스는 형의 장자권을 무시하고 무력으로 씨족의 우두머리가 된 후, 형의 딸 레아 실비아를 베스타 신전의 제사장으로 삼았다. 이는 누미토르 집안의 씨를 말리려는 의도에서 비롯된 일이다. 신전의 제사장은 사회적으로 존경은 받지만, 평생 동정을 지키고 신전의 불도 꺼지지 않도록 지켜야 할 의무가 있었기 때문이다.

어느 날 군신(軍神) 마르스가 그녀의 아름다운 모습에 반해 그녀로 하여금 쌍둥이를 임신케 하고, 마침내 로물루스와 레무스가 함께 태어난다. 두려운 마음에 아물리우스는 갓난아이들을 제거하라는 명령을 내린다. 쌍둥이는 죽임을 모면하고 바구니에 담겨 테베레 강물에 띄워 보낸다. 극도의 비탄에 잠긴 실비아는 슬픔을 견디지 못하고 테베레 강에 투신자살 하였다고 한다. 쌍둥이를 실은 바구니는 강물을 따라 흘러가다 팔라티움 언덕 근처의 무화과나무 옆에 도달했다. 때마침 근처에서 서성거리던 암컷 늑대가 이들을 건져내 젖을 먹이고 또 딱따구리가 계속해 먹을 것을 물어다 먹인 덕분에 이들은 살아남았다.

파우스툴루스라는 양치기가 갓 태어난 쌍둥이 형제 둘을 발견해 데려다 키우게 된다. 세월이 흘러 어느 날 레무스가 도둑맞은 양떼와 관련된 분쟁에 휘말려 외할아버지 누미토르 옆자리에 서게 된다. 사실을 알게 된 파우스툴루스는 그들에게 출생의 비밀을 알려주었고, 그들이 타고 온 아기 바구니를 누미토르에게 보여줌으로서 이들이 레아 실비아의 자식임을 입증한다. 이후 세력을 키운 두 쌍둥이는 아물리우스에게 반감을 품은 사람들을 동원하고 성 안의 사람들을 선동하여 반란을 일으킨다. 아물리우스가 굴복하고 죽음을 맞이하자 로물루스 형제는 왕위를 외조부 누미토르에게 돌려주고 자신들은 파우스툴루스에게 발견되었던 자리에 새로운 도시를 세우기로 한다.

하지만 형제는 도시를 세울 자리를 두고 의견이 갈라진다. 로물루스는 로마 광장이 있는 팔라티움 언덕을, 레무스는 아벤티누스 언덕을 주장한다. 결국 독수리 점을 통해 결정하기로 하는데, 먼저 아벤티누스 언덕에 있던 레무스의 머리 위로 6마리의 독수리가 날아갔지만, 잠시 후 팔라티움 언덕의 로물루스 머리 위로는 12마리의 독수리가 날아갔다. 그러자 형제는 또 먼저 본 사람이 우선인지, 많이 본 사람이 우선인지를 놓고 다투다가 전쟁을 벌이게 되었고, 이 전쟁에서 동생인 레무스가 죽게 된다.

레무스가 죽은 후 로물루스는 팔라티움 언덕에 도시를 세우고, 자신의 이름을 따서 로마라고 이름 짓는다. 로마의 왕이 된 로물루스는 로마에 성인 남성은 많지만 여성의 수가 부족한 것을 보고 이웃 나라들에 사절을 보내 혼인 관계를 맺을 것을 청했다. 하지만 모두 거절당하자 여성들을 납치하기로 한다. 로마의 종교적 축제에 이웃의 사비니인들을 초대했고, 축제 도중에 여성들을 납치하고 나머지는 추방한다. 이에 사비니인의 도시 쿠레스의 왕 타티우스가 이끄는 연합군이 로마를 공격한다. 몇 년 간 전쟁이 지속되었지만 그동안 로마에 정착하게 된 사비니 여성들에 의해 싸움은 끝나게 되고, 양국은 합병을 하게 된다.

다른 전설에 따르면 파우스툴루스는 그의 처 라렌티아와 함께 아물리우스의 명을 거역하고 몰래 자신의 집에서 쌍둥이를 양육하였다고 한다. 덕분에 무사히 성장한 쌍둥이 형제는 카피톨이라는 일곱 개의 언덕에 도시를 건설했는데, 이 도시가 바로 로마다.

로마 건국 신화에 늑대가 등장하는 것은 무엇 때문일까? 사람들의 생각이나 행동은 예나 지금이나 별 달라 보이지 않는다. 권력을 두고 다투는 형제의 모습이라든지, 위기에 처한 아이들을 구하고 보살피는 의인의 태도라든지 인간 사회 어디서나 목격할 수 있는 일이다. 그런데 양이나 소도 아닌 늑대를 건국자의 목숨을 건진 존재로 부각시킨 것은 야수조차 위대한 인물을 알아본다는 메시지를 전달하고 싶어서였는지 모른다.

한편 로마와는 공간적으로 수만리 떨어진 한반도와 그 북쪽 만주를 거점으로 만주벌의 패자 노릇을 했던 고구려의 건국신화는 로물루스 형제 이야기와는 사뭇 다르다. 무엇보다 출생이 남다르다. 물론 오손의 시조 전설은 로물루스 형제 이야기와 닮은 부분이 있다.

『삼국사기(三國史記)』에 따르면 동부여의 금와왕(金蛙王)이 태백산 남쪽 우발수(優渤水)라는 곳에서 하백(河伯)의 딸 유화(柳花)를 만났는데, 그녀는 자신이 부모의 허락 없이 천제(天帝)의 아들 해모수(解慕漱)와 관계한 것 때문에 쫓겨났다고 말했다. 금와왕이 유화를 궁으로 데려오자, 햇빛이 따라다니며 유화를 비추더니 급기야 회임(懷妊)을 하게 되었다. 유화는 얼마 뒤 사람이 아닌 알을 낳았다. 상서롭지 않다고 여긴 금와왕이 알을 길 가운데 버렸으나 짐승들이 밟지 않고 피할 뿐 아니라 오히려 보살펴 주기까지 하는 걸 보고 왕은 알을 다시 유화에게 돌려주었다. 얼마 후 알에서 사내아이가 태어났는데 그가 바로 고구려 건국 시조 주몽(朱蒙)이다.

이른바 난생설화(卵生說話)의 전형으로 신라 시조 박혁거세, 경주 김씨 조상 김알지, 가야국의 건설자이자 김해 김씨의 시조인 수로왕 이들 모두가 다 하나같이 알에서 태어난 인물들이다.

만주 삼림지대와 몽골 초원지역에 서식하는 늑대. 몽골족과 돌궐족의 조상으로 간주된다.

이에 비해, 몽골제국의 창건자 테무진은 '보르테 치노(Borte Chino)'라는 푸른빛이 감도는 잿빛 수컷 늑대와 '코아이 마랄'이라는 흰 암사슴 사이에서 태어난 바타치 칸이라는 인물의 후손이다. 돌궐제국을 세운 아시나(阿史那) 부족도 늑대의 자손이다. 흉노 북쪽 색국(索國)의 한 부족 대인에 아방보라는 이름을 가진 인물이 있었다. 그의 열일곱 형제 중에 이질니사도가 늑대의 소생이었다. 이 니사도가 여름신과 겨울신의 딸을 아내로 맞아 그 중 한 명이 아들 넷을 낳았는데, 한 아들이 흰 기러기로 변했다. 『오구즈 나마(Oghuz-Namaa)』라는 이름의 오구즈 사기(史記)에 튀르크(Türk: 돌궐)의 조상으로 나타나는 늑대는 '쾩 뵈리(Kök Böri)'(회색빛이 도는 푸른 늑대)다. 청색(靑色)은 튀르크인들에게 신성한 색깔이다. 그래서 제국의 이름도 '쾩 튀르크 카가나테(Kök Türk Khaganate)'였다. 늑대는 북방 유목민들에게 용맹의 상징이었다. 그래서 종족명에 자주 쓰였다. 대표적으로 부리야트족(Buryat)이 늑대(Buri) 사람들(-at)이다. 고구려 멸망 후 고구려에 예속되었던 말갈의 한 갈래인 속말말갈의 추장 걸걸중상(乞乞仲象)의 아들 대조영(大祚榮)이 고구려 유민들과 더불어 옛 고구려 땅을 차지하고 나라를 세웠는데, 국호를 발해(渤海)라 했다. 이 이름은 늑대라는 뜻의 말 'Boka'의 음차어다. 중국인들이 보기에 흥안령 산맥과 속말수(송화강), 압록강, 두만강, 흑수(흑룡강), 오논강, 홀룬하 일대의 초원과 삼림 지역에 흩어져 사는 유목민들이 하나같이 야수의 삶을 사는 야인(野人), 즉 야만인으로 보였을 것이다. 신화는 단순한 이야기가 아니다. 그 속에 특정 집단의 문화가 담겨 있고, 신화작가가 전달하려는 메시지가 상징적이든 직접적이든 표출되어 있다.

지금의 김해를 중심으로 한 가야국의 시조는 수로왕(首露王)이다. 『삼국유사(三國遺事)』「가락국기(駕洛國記)」를 쓴 일연(一然) 스님이 그렇게 썼다. 외래인 수로 일행이 출현하기 전 낙동강 일대에 이미 사람들이 살고 있었다. 이들 선주민의 종족적 기원은 알 수 없지만 아도간(我刀干) 등 구간(九干), 즉 아홉 추장이 백성들을 통솔하고 있었다. 해마다 3월 3일(음력) 계욕일(禊浴日)은 주민들이 낙동강변에 모여 겨우내 묵은 때를 벗기고 한 해 농사에 대한 이야기를 나누는 풍습이 있었다. 이런 기사만으로도 역사학 및 문화인류학적으로 얻어낼 수 있는 정보는 많다. 구지봉(龜旨峯)에서 나는 이상한 소리를 듣고 사람들이 모두 그리로 달려갔다는 부분에서부터 하늘에서 내려온 자주색 끈에 매달린 붉은 보자기 속 금상자 그리고 그 안에 담긴 여섯 개의 황금알의 사람으로의 전환 등 관심 갖고 살펴볼 일들이 상당히 많다. 향가로 분류되는 구지가(龜旨歌)의 끔찍한 표현, 이를테면, "만일 (머리를) 내밀지 않으면 구워서 먹겠다" 또한 연구 대상이다. 왕의 이름 수로(首露)의 어음(語音)과 어의(語義) 분석을 통해 이 인명이 태양을 뜻하는 Surya(수리야)라는 말에서 파생되었다는 걸 알게 된다면, 더하여 수로왕의 출신과 그의 배우자가 되기 위해 멀리 천축국(인도) 아요디야에서 반도 끝자락의 김해까지 찾아온 용기 있는 지체 높은 여성, 공주 허황옥에 대한 스토리텔링을 접한다면 과거에 대해 추정하는 일이 굉장히 재미있는 작업이라는 것을 알게 될 것이다.

08

도시(都市)의 탄생

: 도시를 가리키는 말, 말, 말

668년 동북아시아에서 만주벌의 패자 고구려가 나당연합군에 패망한 뒤 속말말갈(粟末靺鞨)의 추장 대조영이 세운 다민족국가 발해(渤海) ― 후일의 대진국(大震國) ― 도 국운이 다해 거란족이 중심이 되어 세운 역시 다민족국가 요나라에 멸망(926년)하기 얼마 전, 당나라에서는 소금 밀매업자 황소가 당국의 불법거래단속에 반발하여 난을 일으킨 그 무렵(880년) 오늘날의 우크라이나 수도 키예프 지역에서는 어떤 일이 벌어지고 있었을까?

스칸디나비아 게르만족의 일파인 바랑기 혹은 바랑고이족이 순록을 쫓아 남쪽으로 내려왔다. 도중에 일부 집단은 상트페테르부르크 남쪽 노보그라드(Novograd, '신도시'라는 뜻)에 정착하고(862년) 그곳이 마음에 들지 않은 나머지 세력은 올레크(Oleg)의 영도 하에 좀 더 따뜻한 곳을 찾아 남행을 계속하다 드녜프르 강 일대 초원 지역의 기후와 비옥한 토양, 풍부한 농산물이 마음에 든다. 그리고 그곳에 터전을 잡기로 결심한다(882년).

폴란드 비로우 지역에 건설된 슬라브족의 그로드(gröd)

급작스런 이방인의 출몰에 당혹해 하던 원주민 슬라브족은 장신에 얼굴 가득 수염을 길러 사나워 보이는 이들 바이킹의 후손들을 내몰고 싶으나 속수무책, 다만 난감할 뿐이었다. 오늘날의 터키 이스탄불에 해당하는 콘스탄티노플을 수도로 하는 동로마 제국 비잔티움 황제들의 친위대로 초빙될 정도로 이들은 용병으로 소문난 집단이었기에 함부로 몰아낼 수도 없었다. 슬라브인들은 그들을 자기들 말로 '이방인'이라는 뜻을 가진 '루스(Rus)'라고 불렀다.

신천지에 들어왔지만 원래 남이 살고 있던 땅이기에 원주민들이 언제 단합하여 자신들을 공격할지 모른다고 생각한 루스들은 불안을 해소하기 위해 자신들의 거주지 주변에 성벽을 쌓았다. 도시의 탄생이다. 이를 고(古) 슬라브어로 '고로드(gorod)'라고 불렀는데, 세월이 흐르며 이 말이 러시아어 속으로 들어가 '–grad'로 변모하면서 '(성곽)도시'라는 의미를 지니게 되었다. 레닌그라드(Leningrad), 스탈린그라드(Stalingrad), 스타리그라드(Starigrad, old town), 베오그라드

(Beograd, white town) 등이 그 대표적 예가 되겠는데 Beograd는 영어로는 Belgrade라고 하는 세르비아의 수도다. 이렇게 이방인이 옛 주인들의 지배세력이 되었다. 양 집단은 필요에 따라 성 안팎 저자거리에서 상업 활동을 했다. 물물교환, 매매의 장소인 '시(市)', 즉 시장이 활성화되면서 피지배계급인 슬라브(Slav)인들은 노예로 팔리기도 했다. '노예'를 뜻하는 영 단어 'slave'는 종족명 Slav에서 왔다.

후한(後漢)시대 허신(許愼)이 찬한 『설문해자(說文解字)』에 "市買賣所之也"(시 매매소지야, 시장은 사고 팔러 가는 곳이다)라고 하였다. 단옥재(段玉裁)의 주석에 "市는 물건을 사는 곳이다. 따라서 물건을 사는 것 역시 市라고 한다'고 했다. 市는 사람들이 번잡하게 오가는(止) 곳에 천(巾)을 걸어 자신이 파는 물건을 알리는 오늘날의 간판과 같은 역할을 하던 모습을 본 따서 만든 글자다.

市가 '물건을 사고 파는 곳', 즉 오늘날의 시장(市場)이었다면 도시(都市)는 무엇일까? 『설문해자』에 '도(都)는 역대 천자의 종묘가 있는 곳'이라 했으며, 은주(殷注) 『좌전(左傳)』에선 "선대(先代)의 신주(神主)를 모신 종묘가 있는 곳이면 도(都)이고, 없으면 읍(邑)이다"라고 했다. 읍(邑)과 도(都)의 차이는 종묘의 유무에 있는 것이다. 도시(都市)는 조상의 신주를 모시는 종묘가 있는 지역의 시장을 지칭하는 말이다.

도읍(都邑)에는 시장이 있어야 했다. 물자의 유통이 이뤄져야 경제가 활성화되고 누군가는 물건을 만들고 누군가는 소비를 하는 과정 속에 당국은 세수를 확보한다. 고약한 것은 불법 거래와 탈세다. 시장은 사람을 모이게 하는 장소다. 도시 성립에 이런 흡인의 장소는 필수다. 또 다른 한 가지는 사원이다. 믿음의 공동체로서의 사원은 같은 신앙을 가진 사람들 간의 유대를 강화하는 역할을 한다. 신앙 공동체 구성원 간의 이해와 결속은 사제를 중심에 둔 사원에서 이뤄진다. 도시는 개인에 의해 성립되지 않는다. 다수의 직업, 종교,

문화의 교집합이 있어야 도시는 도시로서의 기능을 수행한다. 성직자만 모인 곳은 폐쇄된 수도원이지 도시가 아니다. 거기 사제와 신 사이의 소통은 있을지 몰라도 인간끼리 부딪치며 주고받는 교감은 없다. 그런 면에서 도시의 존립은 사원보다 시장에 더 의존적일 수밖에 없다. 이슬람 신비주의에서 빵장수 수피나 신기료장수 수피가 가능한 이유가 이런 데 있다. 도시는 사람들이 살면서 더러는 거칠게 또 더러는 차분하게 숨 쉬는 곳이다.

지명에 -abad가 포함되어 있으면 그 곳은 이슬람의 도시다. 이슬라마바드(Islamabad), 알라하바드(Allahabad), 잘랄라바드(Jalalabad), 하이데라바드(Hyderabad) 등. 앞에서 보았듯, –grad로 끝나는 지명은 슬라브인의 도시임을 의미한다. 인도와 연관된 도시명은 -pur로 끝난다. 우다이푸르(Udaipur), 가락푸르(Garakpur), 자이푸르(Jaipur) 혹은 조드푸르(Jodpur) 등. 남인도에서는 어미가 -puram이다. 칸치푸람(Kanchipuram), 마하발리푸람(Mahabalipuram) 등. 이 지명 접미사가 태국으로 이동해가서는 '–buri'로 바뀌었다. 촌부리(Chonburi), 칸차나부리(kanchanaburi) 등의 지명이 있다. 우리말에 들어와서는 '부리'와 '벌, 뻘, 펄'로 살아남았다. 제주도의 산굼부리, 강릉의 바람부리, 서라벌, 황산벌, 뻘조개, 개펄 등에 그 흔적이 보인다.

'나라', '땅'을 의미하는 어미도 해당 국가명이 어떤 언어로 명명된 것인가를 알 수 있게 해준다. 중앙아시아 국가들과 인도 북서부의 라자스탄과 힌두스탄 주의 명칭에 붙은 -stan은 '나라'나 '땅'이라는 의미의 페르시아어 접미사다. 카자흐스탄(Kazakhstan), 키르기스스탄(Kyrgyzstan), 우즈베키스탄(Uzbekistan), 아프가니스탄(Afghanistan), 사케스탄(Sakestan), 힌두스탄(Hindustan), 라자스탄(Rajastan) 등의 국명, 지명이 모두 -stan으로 끝난다.

방글라데시(Bangladesh)라는 국명은 '벵갈의 나라(the country[land] of Bengal)'라는 의미의 말인데 여기서의 -desh는 '땅(land)' 또는 '나

방글라데시의 수도 다카.
사진 중앙의 건축물은 미국 건축가 루이스 칸이 지은 국회의사당 건물이다.

라(country)'라는 뜻의 고대 범어 데샤(deśha)에서 파생된 인도-아리언 계통의 접미사로 인도 내에서의 지명에 많이 쓰인다. 도시 건물은 물론 자동차와 릭샤(인력거) 등 곳곳에 쌍어문이 그려지거나 새겨져 있는 도시 럭크나우(Lucknow)를 주도로 하는 인도 북부의 주 우타르 프라데시(Uttar Pradesh)와 히마찰 프라데시(Himachal Pradesh), 마드야 프라데시(Madhya Pradesh) 등이 대표적 예다.

지명이 -k(h)and; -qand; -cand 등으로 끝나면 그 도시는 소그드인(현재의 중앙아시아 지역에 살던 아리안계 주민)의 영향을 받은 곳이다. 우타라칸드(Uttarakhand, the land of the north), 자르칸드(Jharkhand), 사마르칸드(Samarqand<아스마라(asmara) 'stone, rock' + kand 'fort, town' 등이 그러하다.

인디아(India)의 접미사 -ia는 그리스어다. 페르시아(Persia), 만주(Manchuria), 시베리아(Siberia), 아우스트리아(Austria), 루마니아(Romania), 불가리아(Bulgaria), 이탈리아(Italia) 등 -ia로 끝나는 지명은 수없이 많다. 유럽의 지명 중 국가명은 -land로 끝나는 경우가 많다. 폴란드(Poland), 홀랜드(Holland), 네덜란드(Netherlands), 잉글랜드(England), 핀란드(Finland), 스코틀랜드(Scotland) 등이 대표적 예라 할 수 있다.

'도시'를 뜻하는 게르만어는 -burgh; -burg로 스코틀랜드의 수도 에딘버러(Edinburgh), 모짜르트의 고향인 소금의 도시 짤츠부르그(Salzburg), 햄의 도시 함부르크(Hamburg) 등에 사용되었다.

쌍어문의 도시, 인도의 황금 도시, 동방의 콘스탄티노플, 힌두의 시라즈라는 별명을 갖고 있는 럭나우의 명소
왼쪽 위로부터 시계방향으로 바라 이맘바라(Bara Imambara: 아사피 이맘바라라고도 불림), 차르박 역(Charbagh Railway Statiŏn), 루미 다르와자(Rumi Darwaza), 하즈랏간지(Hazratganj, 일명 터키 문), 라마르티니에르 대학(La Martiniere Cŏllege), 암베드카르 기념공원(Ambedkar Memŏrial Park).

09

도시의 재탄생

: 뉴 암스테르담에서 뉴욕으로, 칸 발릭이 북경이 되기까지

나는 리차드 기어와 위노나 라이더 주연의 영화 <뉴욕의 가을(Autumn in New York)>을 좋아한다. 돈 많은 중년의 뉴욕 최대 레스토랑 경영자 윌 킨과 22살 맑고 순수한 샬롯 필딩의 뻔한 러브 스토리지만 이 영화의 매력은 뉴욕의 아름다움을 보여주는 시화집 같은 영상에 있다. 다정하게 손잡고 노랗고 빨갛게 물든 가을날의 센트럴 파크를 걷는 두 연인의 모습을 부럽다 느끼는 순간 뉴욕이 여행 후보지 1순위가 될 법하다.

만약에 내가 한 사람의 심장이 산산조각 나는 것을 막을 수 있다면
만약에 내가 한 사람의 아픈 가슴을 진정시킬 수 있다면

만약에 내가 한 사람의 상처 입은 가슴을 어루만져 줄 수 있다면,
나의 삶은 결코 헛되지 않으리.
하나의 고통 받는 삶에 안락함이 되어줄 수 있다면,
아니, 하나의 아픔을 가라앉히고

한 마리의 추락하는 울새를 도와
다시 그의 둥지에 올려놓아줄 수 있다면,
나는 결코 헛되이 살은 것이 아니리라.

If I can stop one heart from breaking

If I can stop one heart from breaking,
I shall not live in vain;
If I can ease one life the aching,
Or cool one pain,
Or help one fainting robin
Unto his nest again,
I shall not live in vain.

위노나 라이더가 읊조리는 에밀리 디킨슨(Emily Dickenson)의 시 "If I Can Stop one Heart from Breaking(만약에 내가 상처받은 가슴을 어루만져 줄 수 있다면)"도 매력 있으려니와 OST <샬롯을 위한 애가(哀歌)>(Elegy for Charlotte)는 죽음을 앞둔 샬롯이 죽음을 받아들이는 의연한 모습을 떠오르게 해 슬프면서도 아름답다.

뉴욕을 배경으로 한 영화는 많다. <유브 갓 메일>(You've got a mail)도 그 중 하나다. "뉴욕의 가을은 정말 멋지지 않나요? 가을에는 종이와 연필을 사고 싶어져요. 당신의 이름과 주소를 안다면 새로 깎은 연필을 한 다발 선물할 텐데요."

이런 이상한 말들이 나도 모르게 입 밖으로 새어나오는 뉴욕의 가을은 맨해튼에서는 10월 말에서 11월 초, 뉴욕 북부 업스테이트에서는 그보다 좀 이른 10월 중순부터 시작된다. 센트럴 파크의 아름드리 나무숲이 선명한 붉은색과 오렌지색, 노란색 단풍으로 빛나는

뉴욕 센트럴 파크

풍경을 바라보고 있으면, 뉴욕이 이 세상에서 가장 로맨틱한 도시라고 말했던 친구의 말이 옳았다고 고개를 끄덕거리게 된다. 건축가 옴스테드와 보의 설계로 크고 작은 호수와 얕은 구릉, 넓은 잔디밭으로 꾸며진 센트럴 파크의 모습은 너비만큼이나 다양하다. 그리고 또 도심 한가운데 조성된 이 공원은 누구에게나 활짝 열려 있어 주민이든 방문객이든 세상사 다 잊고 나무 그늘 아래 누워 낮잠을 자거나 책을 읽으며 행복해 하기에 최적의 쉼터다.

센트럴 파크 가을 체험의 진수는 황금빛 느릅나무 가지가 터널을 이루는 직선의 가로수길에서 시작된다. 내가 청년시절을 보낸 청주 초입의 운치 있는 플라타너스 가로수 길을 연상시킨다. 길의 북쪽 끝은 베데스다 테라스로 이어지고, 2.5m 높이의 천사상이 우뚝 서있는 분수 앞에서는 아마추어 그룹의 은은한 아카펠라가 울려 퍼진다. 활 모양으로 휘어진 다리 보우 브릿지 아래에서는 뱃놀이를 즐기는 사람들, 어퍼 웨스트의 고풍스러운 건물, 파란 하늘과 원색으로 불타오르는 단풍이 호수에 고스란히 그림자가 되어 비친다. 센트럴 파크 남동쪽, 붉게 물든 담쟁이덩굴 뒤덮인 갭스토우 브리지 위에 서면 우뚝 솟은 맨해튼의 고층빌딩들이 한눈에 들어온다.

뉴욕 인구가 급격히 증가하던 1848년, 대도시에 녹지대를 확보하기 위해 만들어진 총면적 3.4㎢의 거대한 이 공원은 오늘날 연간 4천만 명이 방문하는 관광명소다. 인공적인 노력으로 자연 관광자원을 확보한 성공적인 케이스다. 여기에 뉴욕만의 문화를 심고 다양한 콘텐츠라는 영양소를 공급한다면 콘텐츠 투어리즘의 명소가 되기에 충분하다.

그런데 미국 이민사를 살펴보면 뉴욕을 먼저 접수한 이들은 네덜란드 사람들이었다. 그들은 도시 이름을 뉴 암스테르담이라고 붙였다. 뒤늦게 영국인들이 들어와 네덜란드 사람들과 갈등을 빚었으나 결국은 뒤늦게 굴러 들어온 돌이 박힌 돌을 이겼다. 그 후 대화재로

암스테르담의 운하

도시의 대부분이 소실되었고 힘든 도시 재건 이후 뉴욕이 되었다.

북경은 중국의 수도다. 언제부터 그랬을까? 한국의 수도는 서울이다. 서울은 셔블 <수릿벌의 과정을 거쳐 만들어진 이름이다. 동경의 우리말이다. 신라의 도읍지는 서라벌(徐羅伐), 즉 수릿벌인 동경이었고, 일본의 수도 또한 동경(東京)이다. 고려의 수도는 개경(開京) 또는 개성(開城)이다. 평양(平壤)은 서경(西京)이었다. 발해도 5경(상경, 중경, 동경, 서경, 남경)을 두었다. 천자의 거처가 있는 곳이 동경이다. 당나라도 현종(玄宗) 때부터 낙양(동경)을 중심으로 서경(수도 장안), 남경, 북경(태원) 등 4경을 설치했다. 북경은 남경(南京)을 수도로 삼았던 명나라가 1420년 영락제가 전 왕조 원나라의 수도였던 칸발릭으로 국도를 옮기며 이름을 북경이라 불렀다. 황도(皇都) 칸 발릭(汗八里, Khanbaliq)은 쿠빌라이 칸이 몽골고원의 수도 카라코룸과는 별도로 겨울 수도로 삼고 새롭게 건설한 대도(大都)였다.

현 중국의 수도 북경에는 자금성, 천안문과 광장, 유리창, 만리

북경 자금성 조감도

장성 등의 관광명소가 있지만, 중국 어디를 가더라도 현지 대표 음식을 맛보는 즐거움을 놓쳐서는 안 된다. 비행기, 기차, 잠수함을 제외하고는 못 먹는 게 없다는 중국 사람들의 요리 레시피는 대단한 문화자원이 된다. 베이징 요리는 중화 요리 중 4대 요리에 들지 못하고, 8대 요리에도 끼지 못하는 기타 요리로 분류된다. 징차이(京菜)라고도 부르는 베이징 요리는 지역 특성상 밀 생산량이 많아서 만두나 면류, 전병 등 분식이 발달해 있다. 베이징 덕이라는 별명의 카오야(烤鴨, 오리구이), 자오쯔(餃子)라 불리는 만두, 우리나라 짜장면의 원조격인 작장면, 해삼 조림 등이 베이징을 대표하는 음식들인데, 북경사람들이 매운 것을 싫어해서 북경요리는 좀 달고 짠 것이 특징이다.

몽골족의 나라 원의 수도로서 문화적으로 몽골족의 영향을 많이 받은 탓에 유목민들이 즐겨먹는 쑤이양러우(碎羊肉)라는 몽골식 양고기 요리도 유명하다. 칭기즈칸 구이라고도 한다. 이 몽골식 양고기 요리 쑤이양러우를 오사카의 일본인 요리사가 고급 요리로 만든 것이 필자의 어머니가 좋아하시는 샤브샤브다. 우리나라 관광객들이 좋아할 만한 북경요리는 꿔바로우(锅包肉)라는 북경식 탕수육이다. 혹시 미국이나 영국 등 영어권의 중화식당에 가서 탕수육을 주문해 먹고 싶으면 간단히 'Sweet (and) Sour'라고 하면 된다. 탕수육의 맛이 새콤달콤하지 않은가.

10

정의는 없다
: Money talks

기독교의 기본정신이 무엇이냐는 질문에 '사랑'이라고 답했다가 어느 신부로부터 끌끌 혀 차는 소리를 들었던 적이 있다. 불교는 자비요, 기독교는 사랑, 이슬람은 순종의 종교라고 단순하게 생각하고 있던 젊은 날이었다. 안타까웠던지 사제가 말을 보탰다. "사랑보다는 정의라고 봐야지요." 나이가 든 지금 나는 오히려 더 혼란스럽고 정답을 모르겠다.

교황 요한 8세(재위 872~882년)는 교회 역사상 최초이자 중세에 암살된 8명의 교황 중 처음으로 살해된 교황이다. 그의 사후 교황 자리를 놓고 추악한 권력투쟁이 벌어지며 교회와 세속 모두 암흑의 시기로 접어든다. 로마 태생인 그는 어린 시절 바니 타민족이 주축이 되어 북아프

878년 트로이 공의회를 주관하는 교황 요한 8세를 새긴 판화

리카의 알제리, 튀니지, 트리폴리를 지배하던 아글라브 왕조 이슬람군의 로마 약탈 광경을 목격하였다.

그의 재임기간뿐만 아니라 7세기 중반 이후 서양 중세는 위기에 처해 있었다. 교황으로 선출된 후 그는 먼저 교황청의 행정조직 개편 등 교회 개혁을 위한 조치를 취했다. 그리고 걸핏하면 캄파니아와 사르비나 언덕을 습격하는 사라센(Saracen) 해적에 맞서기 위해 신성 로마 제국의 카를 2세와 카롤링거 왕조 프랑스의 프로방스 백작 보소에게 군사 지원을 요청했지만 허사로 끝났다. 오히려 엔나와 시라쿠사를 제외한 시칠리아 전 지역을 접수한 사라센으로부터 침략하지 않는 대가를 지불하라는 요구를 받는다. 사라센은 본래 시나이 반도에 사는 유목민을 지칭하는 말로 '동쪽에 사는 사람들'이라는 뜻의 아랍어 '사라킨'에서 비롯되었다. 7세기 이슬람교가 성립된 이후 비잔틴 제국에서 시칠리아 섬과 이탈리아 반도 남부 해안 지역의 이슬람교도를 가리켜 사라센이라고 불렀다.

대머리 황제라는 별명을 지닌 신성로마제국 황제 샤를 2세(Charles II, 823~877년). 독일어로는 카를(Karl)이라고 불림

당시 유럽에게 북아프리카의 이슬람 세력은 공포 그 자체였다. 교황이 876년에 신성로마제국 황제에게 보낸 편지에 일상이 된 참상에 대한 그의 고뇌가 담겨 있다.

"사라센이 무리 지어 쳐들어와 저지르는 잔학하고 무자비한 폭행은 나의 가슴을 깊은 고뇌와 비애로 가득 채웁니다. 이 참상이 나를 괴롭히지 않는 날은 단 하루도 없습니다. 나의 눈에 비치는 것은 그리스도의 적들이 그리스도를 믿는 사람들을 괴롭히고 죽이는 광경뿐입니다. 모든 곳에서 신의 자식들의 피가 흐르고, 모든 곳이 약탈과 살육과 방화의 무대로 변해버렸습니다. 쇠사슬에 묶인 채 이교도의 땅으로 끌려가 노예로 혹사당하면서 죽음을 맞는 것이 가련한 기독교도들의 운명입니다."

신성로마제국 황제인 카를 2세는 답장조차 보내지 않았다. 877년 교황 요한 8세는 신성로마제국 황제를 더 이상 믿기 어렵다고 판단하고 이미 시칠리아를 점령하고 있던 사라센 해적의 노략질에 맞서 살레르노와 카푸아, 나폴리, 가에타, 아말피 등 이탈리아 서부 해안의 5개 도시들과 동맹을 결성하기로 작정하고 아피아 가도를 따라 남쪽으로 캄파니아 전역을 직접 돌아다녔다. 더불어 로마의 성벽을 견고하게 하고 해군을 창설하여 스스로 사령관이 되었다. 876년 4월 요한 8세는 자신이 전력을 보강한 해군 함대를 이끌고 갤리선을 탄 사라센 해적들에 맞서 싸워 승리를 거뒀으나, 그때 생포한 600명이 넘는 포로를 풀어 주었다. 그러자 877년 5개 도시 모두 대표를 파견하여 교황의 동맹 제의를 받아들이겠다는 뜻을 전했다.

요청과 설득 등 교황의 필사적인 노력이 별다른 성과를 거두지 못했고 그런 중에도 사라센 해적의 만행은 계속되었다. 이런 상황에서 교황은 선택을 해야 했다. 기독교인들의 고통을 외면할 것인지, 이교도의 위협에 굴복할 것인지 어떤 선택도 쉽지 않았을 것이다. 그의 선택은 1년 동안 이탈리아 반도 서해안을 약탈하지 않는다는 조건으로 사라센 해적들에게 교황청에서 주조한 은화 2만 5천 디나르를 지불하는 것이었다.

한시적이기는 하지만 적의 군대와 평화와 안전 그리고 신도들의 목숨을 돈과 맞바꾼 셈이다. 기독교 세계의 제1인자인 로마 교황이 이슬람 해적과 은밀한 거래를 한 최초의 사건이다. 시라쿠사와 나폴리가 독자적 협상을 했고, 남부 이탈리아 수도원 중에서도 해적들에게 돈을 바친 경우는 있었다.

그는 과연 정의로운 선택을 한 것인가? 확정된 정의란 없다. 다만 분명한 것은 종교적 차이, 문화와 인종, 언어의 다름과 상관없이 인간은 행복한 삶을 꾸려야 한다는 것이다. 행복 추구의 권리가 인간에게는 있다. 그러나 문제는 그것이 너무나 쉽게 무시된다는 것이다. 국가와 종교적 정의를 위한다는 구실로 전쟁터에 끌려 나가는 사람들에게 행복하다고 할 수는 없다. 삶이 있어야 행복도 있다. 신앙도 있다. 신앙 없는 삶은 있어도 삶 없는 신앙은 공허하고 의미가 없다.

유감스럽게도 요한 8세는 882년 12월 예수 성탄 대축일을 앞두고 자신의 친척들에 의해 독살 당한다. 암살자들은 그에게 먹인 독이 치사량에 미치지 못해 쉽게 숨을 거두지 않자 망치로 때려 살해했다. 암살 동기는 불분명하나 권력다툼에 기인한 것으로 보인다. 왜들 이러는 걸까? 공동의 적을 상대할 때 합심하고 단합된 힘을 보였던 사람들이 적을 제압하고 나면 내부의 갈등을 보인다. 아버지와 자식이 불화하고 형제 간에 암투를 벌인다. 동지가 동지의 등에 칼을 꽂는다. 정의란 힘 또는 권력에 바탕을 둔다. 교황 요한 8세 교황에게 있어 정의란 돈이었는지 모르겠다. 기독교의 적 이슬람에게 정의는 힘이었을 것이다. 우리는 정의를 어떻게 구하고 어떻게 행사해야 할 것인가?

11

음악이 있는 곳에

: 사랑이 있고, 인생도 있다

내가 여행 중 즐겨하는 일이 음악이 있는 곳을 찾아가는 것이다. 음악은 고유의 선율로 그 나라 그 민족의 정서, 역사, 문화를 말해준다. 서양식의 현악, 기악, 관악, 협주 음악 외에 색다른 전통 음악에 나는 특별히 매료된다. 개성 있는 사람이 좋듯 전통 민속음악은 민족 내지 지역적 개성이 애환으로 스며있어 제각각 내 마음을 사로잡는다. 나는 특히 사람 목을 악기로 쓰는 성악곡을 좋아한다.

테너 베니아미누 질리

한국인인 나는 누가 뭐래도 우리나라 가곡의 아름다운 가사 말과 친근한 멜로디, 익숙한 리듬이 좋다. <그대 그리워>, <4월의 노래>, <향수> 외에 한국적 정서가 담긴 멋진 우리 노래는 부지기수다. 그럼에도 이탈리아 오페라 가수 베니아미누 질리(Beniamino Gigli, 1890~1957년)와 같은 실력 좋은 성악가들이 부르는 아리아, 민요 등을 가장 많이 듣는 편이다. 관건은 잘 부르는 사람, 실력 있는 가수, 어쩌면 타고난 실력파 가수가 열과 성을 다해 정열적으로 그리고 진지하게 부르는 노래여야 한다는 것이다.

이탈리아에 가면 정식 공연 무대를 찾아가거나, 여의치 않을 때는 성당 같은 곳에서 하는 연주회라도 가서 보고 듣는다. 언젠가는 피렌체에 가기 전에 공연 스케줄을 미리 검색해보니 피티 궁(宮) 뒷편 보볼리 정원 야외무대에서 오페라 <피가로의 결혼> 공연이 예정되어 있었다. 이 정원은 메디치 가문의 코시모 1세가 아내 엘레오노라를 위해 만든 것이다. 한여름 밤 아름다운 중세시대의 정원에서 열리는 멋진 소리의 향연을 위해 시간을 내고 돈을 쓴다는 건 가치 있는 일이다. 그날 시칠리아 섬 동남부의 시라쿠사 관광을 마치고 로마 레오나르도 다 빈치 공항에서 자동차로 피렌체까지 오느라 몹시도 바쁘고 힘들었다. 공연시간에 늦지 않으려니 저녁조차 거르고 발걸음도 급해야 했지만, 어둠 속에 울려 퍼지는 오페라 가수들의 노래 소리를 듣는 내내 행복했음을 기억한다.

몇 달 동안 체류했던 볼로냐에서도 틈나는 대로 시립예술회관을 찾았다. 성 누가 축제 기간 중에는 베드로 성당의 파이프 오르간 연주를 들으러 조석으로 성당 출입을 하였다. 이러다 가톨릭으로 개종하는 것 아닐까 하는 생각이 들 정도로 겉보기엔 열성적인 신자였다.

이탈리아 사람들의 문화적 자부심은 대단하다. 공항 이름을 이탈리아가 낳은 예술가들의 이름을 따서 지은 것만 봐도 그렇다. 로마 공항은 레오나르도 다 빈치 공항이다. 마르코 폴로는 베니스 공항의 이름이다. 내가 한 철 묵었던 중세도시 볼로냐 공항은 굴리엘모 마리아 마르코니의 이름을 쓴다. 그는 볼로냐 출신의 전기 공학자로 무선 전신을 실용화하였다. 1895년 독일의 물리학자 하인리히 루돌프 헤르츠의 전자기파 이론에 입각하여 현대 장거리 무선통신의 기초를 이루었다. 나폴리 국제공항은 뒷부분에 카포디치노라는 구역

이름을 붙인다. 이곳은 1910년 최초의 항공기 전시회를 개최한 역사적 장소다. 피렌체(영어로는 플로렌스) 공항의 공식적 명칭은 아메리고 베스푸치 공항이다. 사실은 이탈리아에는 지역마다 국제공항과 한두 개의 저가항공용 터미널이 있다. 밀라노의 경우 공식적으로는 부스토 아르시지오 시 공항으로 불리는 밀라노 제1의 국제공항 밀란-말펜사 공항이 있고, 그 다음으로는 알이탈리아 항공(Alitalia) 전용의 밀랜 리나테 공항이 있다. 3위는 공식적으로 일 카라바지오라 불리는 오리오 알 세리오 국제공항으로 흔히 베르가모 공항이라 불리는 저가항공 전용 터미널이다.

나는 현악기 연주도 꽤 좋아하는 편으로 첼로곡도 좋지만 날카롭게 폐부를 찌르는 느낌의 바이올린 곡도 무척 좋아한다. 베토벤의 <크로이체르 소나타>를 들으며 삶과 사랑에 대해 고뇌하던 시절이 있었다. 바이올린 연주에 관한 한, 역사상 가장 훌륭한 바이올리니스트는 니콜로 파가니니다. 그는 이탈리아 북부 해안도시 제노바 태생이다. 그의 신들린 듯한 연주에 놀란 사람들은 악마가 그의 연주를 돕는다고까지 말했다. 음악은 연주자의 타고난 기량도 중요하지만, 악기의 역할도 크다. 좋은 소리를 내는 바이올린의 가격이 천문학적인 것은 물론 이려니와 활의 가격 또한 놀랄 만큼 고액이다. 쓸 만한 활은 몇 백만 원, 전문 연주자들은 몇 천만 원짜리 활을 사용한다. "소리가 다르다." 이것이 비

콜럼버스의 고향이기도 한 제노바의 명소
위 왼편부터 시계방향으로 제노바 등대, 페라리 광장, 갈레리아 마찌니, 브리가타 리구리아 거리, 제노바 항에서 바라 본 싼 테오도로(San Teödörö)의 모습.

신들린 현의 마술사, 니콜로 파가니니

싼 데 대한 이유다.

파가니니가 가장 아꼈던 과르네리 바이올린을 보려면 제노바 시청에 가야 한다. 이 명품 악기는 매년 10월 12일, 파가니니 국제 바이올린 경연대회의 우승자에게 연주할 특권이 부여된다. 이 악기가 일 깐노네(Il Cannone), 즉 '대포'라는 별명을 갖게 된 건 낭랑하면서도 웅장한 음색 때문이라고 한다. 집시의 넘치는 열정을 그는 어떤 선율로 들려줄까? 열정을 주체 못하는 탄식? 부처가 말했다. "음악은 탄심이요, 무용은 난심이다." 원색의 옷을 입고 매혹적인 미소 지으며 나풀나풀 춤추는 모습을 보면 남자는 때로 심란할 수 있다. 아름답다 못해 슬픈 음악을 들으면 때로 한숨이 나고 탄식하게도 된다. 음악이 주는 카타르시스 효과라고 나는 믿는다.

낯선 것은 이국적(異國的)이다. 그래서 호기심이 생긴다. 내 것과는 다른 문화에 대한 관심의 본질은 기본적으로 이국적인 것에 대한 호기심이다. 스페인의 민속음악 플라멩코는 스페인 남부 안달루시아 지방 집시들의 무곡(舞曲)에서 유래한 것이다. 구슬픈 집시 노래에 맞춰 남녀가 어울려 정열적으로 춤을 추는 모습, 이것이 혼종(混種)사회 속의 혼혈(混血)문화 한 부분으로서의 플라멩코다.

포르투갈의 수도요 항구도시 리스본의 카페에서는 처절한 음색의 파두(fado)를 들을 수 있다. 포르투갈 기타와 클래식 기타(포르투갈어로는 viola라고 한다) 반주에 맞춰 부르는 <리스보아> 같은 파두

넘버는 낯선 도시, 낯선 카페에서 마시는 맥주의 풍미를 돋궈주기에 충분하다. 포르투갈 말 파두는 '운명', '숙명'을 뜻한다. 파두가 늘 어둡고 서글픈 정서만 전달하는 게 아니다. 사랑, 소소한 일상 등 즐거운 감정도 노래한다. 2011년 유네스코 무형문화유산으로 선정되었다.

파두 연주를 하는 남녀 듀엣의 행복한(?) 모습

포르투갈 리스본의 싸웅 조르쥬 성과 그 외곽지역

12

세계 7대 불가사의

: 진짜 불가사의한 건 인간이다

인터넷 검색을 해보자. 세계 7대 불가사의란 사람의 손으로 이뤄냈다는 것이 믿어지지 않는 경이로운 건축물을 말한다. 그렇다면 인간의 능력만으로 만들었다고는 도저히 믿어지지 않는 신비의 건축물 일곱은 어디에 있는 무엇이며, 누가 왜 만든 것일까? 오래 여행을 한 탓에(나이가 들었다는 얘기도 된다), 운 좋게도 필자는 7대 불가사의 대부분을 보았다. 타지마할은 여섯 번, 피라미드는 4번, 페트라는 3번, 이런 정도다. 여러 번 본 것이 자랑은 아니다. 다만 볼 때마다 느낌이 다르고 전에는 안 보이던 부분이 새롭게 눈에 들어온다는 점이 다시 보기의 소득이다.

전형적인 7대 불가사의 목록에는 아래의 것들이 포함된다.:

1. 이집트 기자의 피라미드
2. 이집트 알렉산드리아 파로스 등대
3. 영국의 스톤헨지
4. 중국의 만리장성

5. 인도 아그라의 타지마할
6. 인도네시아족 자카르타의 보로부드르 사원
7. 티베트 라사의 포탈라궁

지금은 존재하지 않는 바빌론 공중정원을 포함시켜야 한다. 모아이 석상도 불가사의다, 이런 이견과 함께 여기저기서 불만이 표출되었다. 세계 7대 불가사의를 새로 뽑자는 것이다. 2007년 7월 7일 스위스의 영화 제작자이자 탐험가인 베르나르드 베버의 ＜새로운 7대 불가사의＞ 재단이 포르투갈 리스본의 경기장에서 '새로운 세계 7대 불가사의'를 발표했다.:

1. 치첸 이트사(멕시코 유카탄 마야 유적지)
2. 구세주 그리스도 상(브라질 리우데자네이루)
3. 콜로세움(이탈리아 로마)
4. 만리장성(중국)
5. 마추픽추(페루 쿠스코 지역 잉카 유적지)
6. 페트라(요르단 마안 주)
7. 타지마할(인도 아그라)

불가사의로 뽑힌 건축물들의 존재는 역설적으로 인간의 위대함을 증명하는 것이다. 이들의 역사적 가치나 아름다움은 필설로 다하기 어렵다. 소문은 의미가 없다. 현장에 가서 눈으로 직접 보는 것만큼 확실한 것은 없다. 두 눈 앞에 펼쳐진 고대도시 페트라의 경이로움. 내가 이곳을 여행목적지로 선택한 것은 영화 ＜인디애나 존스＞ 시리즈 제3편 ＜인디애나 존스와 최후의 십자군＞을 본 뒤의 일이다. 우리나라에서는 제목을 ＜인디애나 존스: 최후의 성전＞으로 내걸었다. 이 영화 후반부에 성배를 지키는 마지막 십자군 전사와 함께 페트라가 나온다.

페트라는 현 요르단 왕국 남부에 자리 잡고 있던 거대한 도시였다. 엄청난 바위 틈새의 긴 돌의 통로를 따라 들어가면 돌연 눈앞에 나타나는 돌을 깎아 만든 궁전이 나타난다. 놀랍도록 아름다운 도시 유적 '알카즈네(보물)'다. 과연 사람의 손길이 빚은 돌조각 작품인가 싶다. 이어서 눈에 들어오는 '앗데이(수도원)'는 높이가 10층짜리 빌딩만하다. 고대인들의 돌 다루는 솜씨에 혀를 내두르게 된다.

아랍계 유목민 나바테아인들이 건설한 산악 도시로서 붉은 사암(沙岩)으로 이루어진 산을 깎고 내부를 파서 그대로 건물을 만들었기에 구조가 아주 특이하다. 대략 건물 모양이 거대한 바위산 부조 같다. 페트라라는 말이 그리스어로 '바위'라는 뜻을 지니고 있다.

요즘 관광 가이드들은 역사 유적에 대해 공부를 많이 한다. 해설 수준이 여느 역사학자 못지않게 조리가 있고 중간중간 유머도 섞어 듣는 이를 무료하지 않게 만든다. 내가 만난 한국인 가이드는 이슬람 국가 요르단에서 기독교 선교 활동을 하는 젊은 목사였는데, 왜 이곳까지 와서 고생일까 하는 안타까움과는 별도로 상당히 재미있고 진취적이었다. 내게 일주일 정도 시간을 내어 함께 사막 걷기를 제안했는데, 그 이후 다시 만나지 못했다. 신의 섭리이든 인연이든 "모사는 재인이고, 성사는 하늘의 소관"인 것임을 믿기에 때가 되어 열사의 사막을 죽기 각오하고 걸어볼 각오는 되어 있다.

이곳 페트라 일대에서 기원전 1400년경부터 도시가 생겨나면서 차츰 발전하기 시작했다. 이집트, 아라비아, 페니키아의 교차점에 위치한 탓에 중개무역을 통해 번영을 누렸다. 원형극장, 목욕탕, 상수도 시설까지 갖춘 시대의 첨단을 달리던 도시였다. 좁은 협곡을 방패삼아 로마 군에게 수차례 저항하였으나 결국은 기원전 106년에 로마에 항복하고 만다. 현존하는 페트라 유적은 로마의 영향권에 있을 때의 것으로서 건축 양식이 그리스 로마의 건축 양식에 아랍 지방 고유의 스타일이 들어가 독특하다.

문화 관광의 측면에서 페트라 관광의 백미는 촛불 조명 속에서 펼쳐지는 음악회다. 온통 바위 천지인 이곳 천연 암반의 반향음은 아름다운 음악이 선사하는 감동을 극대화시킨다. 신비감 속에 진행된 공연이 끝난 후 촛불조차 하나 둘 꺼질 무렵 밤하늘을 올려다보면, 엄청난 별의 향연에 몸이 굳어 그 자리에서 한동안 움직이지 못할 것임을 장담한다.

영국의 식민지가 되기 이전 무굴제국의 수도였던 아그라에 조성된 〈타지 마할〉

인도 무굴제국의 수도였던 아그라에 세워진 타지마할은 페트라와는 다른 각도에서 보는 이의 혼을 쏙 빼놓는다. 무엇보다 건축학적으로 완전 대칭의 아름다움을 자랑하는 이 건축물에 대해서는 할 얘기가 무궁무진하다. 순진한 여자들은 부러워하며 말한다. “나도 죽으면 누가 이런 무덤 만들어주면 좋겠어.” 아무리 아름답고 고귀한 무덤이라도 죽은 뒤에야 무슨 소용 있을까? 남자든 여자든 혼자 살든 더불어 살든 사람은 살아서 행복해야 한다.

인도가 영국의 식민지가 되기 전 마지막 왕조국가를 무굴제국이라 부른다. 무굴(Mughul) 혹은 무갈(Mughal)은 몽골의 페르시아식 명칭이다. 이 제국의 창업주는 바부르(Babur)라는 유목민이다. 그의 부계는 티무르, 모계는 칭기즈칸에 닿아 있다. 유목민이 세운 나라 무굴제국의 제5대 황제였던 샤 자한(Shah Jahan, '세계의 제왕')에게는 페르시아 귀족 가문 출신의 제2왕비 뭄 타즈가 있었다. 본명이 아르주망 바누인 뭄 타즈 베굼(Begum, '왕비')과 왕 사이는 금슬이 좋았는지 14세에 한 살 더 많은 후람이라는 이름의 왕자였던 왕과 약혼하고 19세가 되어 혼인한 뭄 타즈는 자식을 연달아 생산했다. 그러다 서른여덟 살 되는 해(1631년) 열네 번째 아이를 출산하다가 숨을 거두었다. 보석보다 아름답고 꽃보다 사랑스런 뭄 타즈 왕비가 죽자 왕은 그녀를 위해 이 세상 둘도 없는 무덤을 만들 것을 명령한다.

뭄타즈 마할 베굼(왕비)

22년의 긴 세월(1631~1653년) 동안 연인원 20만 명이 동원되어 흰 대리석 건축물 타지마할이 완공되었다. 샤 자한왕은 타지마할이 완성된 직후 공사에 참여했던 장인들의 손목을 잘랐다고 전한다. 타지마할보다 더 아름다운 궁전을 만들지 못하게 하려는 의도에서다. 페르시아, 터키, 인도, 이슬람 건축 양식이 잘 조합된 무굴 건축의 결정판이라 칭송받는 이 예술품을 바라보는 민심은 사납게 들끓었다. 아들 아우랑제브가 부왕을 아그라성에 유폐시켰다. 그는 그곳에서 저 멀리 야무나 강 너머 왕비가 잠들어 있는 타지마할을 바라보며 탄식하고 울부짖었다. 머리가 희어지고 급기야 정신이 오락가락해졌다. 세계의 제왕은 미치광이 상태에서 죽음을 맞았다. 타지마할이 완공되고 5년이 지나서다.

이렇듯 절대 권력의 의지와 재정이 뒷받침되어야 후대인들이 불가사의라 칭송하는 위대한 건축물이 탄생하는 것이다. 아이러니이긴 하되 역사가 보여주는 실상이다. "인도에 있는 무슬림 예술의 보석이며 인류가 보편적으로 감탄해 마지않을 걸작"이라는 평가와 함께 타지마할은 1983년 유네스코 문화유산으로 등재된다. 그리고 인도의 관광산업은 이런 대단한 문화상품 덕을 톡톡히 보고 있다.

동족상잔의 비극 6.25 전쟁으로 우리나라에 전 세계인의 이목이 쏠려있을 때인 1950년 가을 중공(당시는 '죽(竹)의 장막'에 몸을 가린 공산주의 국가 중국을 그렇게 불렀다)은 오래전부터 욕심냈던 티베트 침공을 개시한다. 무력 앞에 속절없이 무너진 티베트는 현재 중국의 서장(西藏)자치주라는 이름으로 존재한다. 수도가 아닌 주도는 라사(Lhasa). 제사장이자 왕인 달라이 라마는 히말라야를 넘어 인도 땅으로 망명했다. 그리고 다람살라에 망명정부를 세웠다.

라사에는 못 하나 사용하지 않고 지었다는 신비의 목조 건축물 포탈라궁이 있다. 1994년 유네스코 세계유산으로 등록되었다. 7세기 이래 역대 달라이 라마의 겨울궁전으로 사용된 포탈라궁은 티베트 불교와 행정의 중심이자 상징이다. 백궁(白宮)과 홍궁(紅宮) 및 부속 건물들로 구성된 건물군은 라싸 계곡 한복판 해발고도 3,700m의 홍산(紅山)에 세워져 있다. 또한 7세기에 건축된 조캉 곰파(大昭寺)는 건축미가 빼어난 티베트 불교 사원이며, 18세기 무렵 건축된 달라이 라마의 여름 궁전 노블링카(Norbulingka: '보석 정원'; '보물의 정원')은 티베트 예술의 걸작으로 꼽힌다. 티베트어 linka는 흔히 원예 공원 내지 정원을 가리키는 말이다.

'포탈라(Potala)'라는 이름은 '광희, 광택'이라는 의미의 산스크리트어 '포탈라카(Potalaka)에서 비롯되었으며, 인도인들은 포탈라카 산을 "관세음보살의 상주처"라고 믿고 있다.

힌두교도들에게 자비의 신은 까냐꾸마리(Kanyakumari)다. 까냐

티베트의 수도 라사에 세워진 포탈라 궁. 과연 불가사의스럽다.

꾸마리를 따밀어로는 깐니야꾸마리(Kan-niya-kumari)라고 하는데 크리슈나신의 여동생인 데비 까냐꾸마의 이름을 딴 지명이다. 데비(Devi)는 여신을 가리키는 산스크리트어이며, 남성형은 데바(Deva)이다. 영국 통치시절 코모린 봉(곶)으로 알려졌던 까냐꾸마리는 인도아대륙 최남단의 소읍으로 삼면이 라까디브 해에 둘러 쌓여있다. 인도아대륙 서해안과 평행선을 달리는 서 가트 산맥(인정 많은 산 또는 자비로운 산이라는 뜻의 사햐드리라고도 불린다)이 해발 2,695m의 카다몸 고원(이곳 서늘한 고도에서 향신료 카다몸이 재배된다)으로 확장되는 남쪽 끝자락 마을이기도 하다. 이곳에 데비 까냐꾸마리 사원이 있다. 물론 힌두사원이다. 까냐꾸마리의 별명인 케이프 코모린(Cape Comorin)은 까냐꾸마리의 후반 구성요소인 꾸마리(kumari)의 와전으로 보인다. 악센트가 영어와 다르고 말이 빠른 인도말을 제대로 듣는다는 건 대단히 힘들다. 인도말은 듣기에 어려움이 많다.

1642년 위대한 제5대 달라이 라마(1617~1682년)를 왕으로 하는 티베트 왕조 간덴 왕국이 성립된다. 1645년 달라이 라마는 오랫동안

훼손된 채 방치해두었던 포탈라 궁전을 개축하기 시작한다. 1648년 중심부인 포드랑 카르포(백궁; white palace)가 완공되자 드레풍 사원에 머물던 달라이 라마 5세가 이곳으로 거처를 옮기면서부터 포탈라 궁은 티베트의 정치 수반으로서의 달라이 라마의 집무실 겸 생활공간으로 사용되었다. 홍궁인 포드랑 마르포(red palace)의 건축은 당시의 실력자인 상게 갸초가 주도한 것으로, 달라이 라마 5세 입적 후 그의 기념비이자 사리탑을 세우기 위해서였다. 1694년에 완공되었다.

전통적인 단일 건축물로는 동아시아에 있는 어떤 건축물보다 큰 포탈라궁의 총 건축면적은 13만 평방미터. 전체 부지는 36만 평방미터에 달하며, 동서의 길이 400m, 남북의 길이 350m, 높이는 117m인 13층짜리 이 건물에는 방이 천개가 넘고, 불당이 만여 개, 불상의 수는 20만개 이상이다. 분지 바닥으로부터의 높이는 300m가 넘는다.

사람들은 왜 이렇게 엄청난 일을 할까? 바벨탑 이야기처럼 하늘에 닿고 싶은 인간 욕망의 표출일까? 외부인은 숨조차 편히 쉬기 어려운 고지대에 무슨 영광을 보려고, 누구에게 과시하기 위해 관음보살의 거주처라는 이름을 붙인 웅장한 집을 지었던 것인가? 집이라면 소박해도 좋을 것이다. 결국은 왕을 섬기기 위함이다. 왕의 얼굴이, 왕의 집이 곧 티베트 민중의 얼굴이자, 집이며, 체면이다. 인간은 체면을 중시하는 존재다. 피라미드도 그럴 수 있다. 그렇지만 만리장성 축조는 사정이 다른 것 같다. 스톤헨지의 경우도 성립 배경이 허영심이나 체면과는 거리가 멀어 보인다. 한 지역의 문화재를 다른 지역의 문화재와 같은 맥락에서 이해하는 것은 무리다.

13

변태

: 중국 남자들의 전족 사랑

취미가 있다는 것은 좋은 일이다. 기호의 대상이 있어야 사람은 활기에 넘친다. 그러나 취미나 기호가 단순한 즐거움을 넘어서 벽(癖)이 되는 경우가 허다하다. 대식에 폭식을 즐긴 롯시니의 경우도 그렇고, 당나라 이후 중국 남성들을 사로잡은 전족에 대한 과도한 열정 내지 탐욕은 경계해야 할 일이다.

사람은 결코 고상한 인생을 살지 못한다. 영원히 사는 길은 성장을 통해서 가능하고, 성장을 통해 영원히 사는 삶은 지복(至福, felicity)이라는 말은 아름다운 음식의 유혹 앞에 궛전에서, 뇌리에서

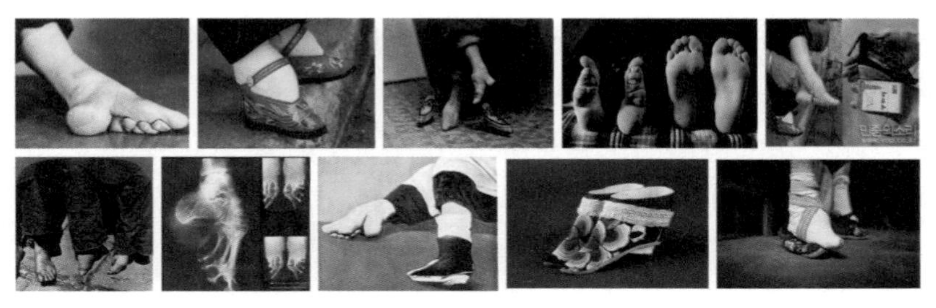

전족으로 인한 여러 양상: 오랜 세월 발을 묶어둔 바람에 기형이 된 발, 그 발에 맞춰 금련 혹은 서련이라 이름 붙인 고운 신발이 생겨나고, 사람이 하는 일은 때로 이해하기 힘들다.

멀어진다. 꿀맛 같은 술잔을 앞에 두고 종교적 선이나 인간의 도리를 말하는 건 당사자에겐 고문일 수 있다. 도벽이 있고, 주벽이 있다. 금련벽이란 희안한 벽도 있다.

금련(金蓮)과 금련벽(金蓮癖) 혹은 연벽(蓮癖): '삼촌금련(三寸金蓮)'과 못난 남자들 이야기

전족한 여인의 의장

도산신문(道山新聞)에 따르면 남당(南唐)의 제2대 원종(元宗) 이영(李璟)에게 요랑(姚娘)이라는 가냘프고 춤을 잘 추는 애첩이 있었다. 그는 높이 6척의 금련(金蓮)을 만들어 진귀한 보물로 장식하고 구슬로 치장한 뒤 그 안에 갖가지 색깔의 서련(瑞蓮)을 만들게 했다. 요랑은 흰 비단으로 발을 감싸고 발끝을 구부려 초승달 모양을 만든 후 비단 버선을 신고 연꽃 안에서 춤을 추니 그 모습이 마치 구름 위에서 노니는 듯했다고 한다.

송나라 때에 이르러 여성의 전족은 더욱 유행하게 되었다. 송말에서 원대에 이르면 여성의 큰 발 자체를 수치로 여기게 되었다. 여자가 전족을 하지 않고 귀를 뚫지 않으면 대각선(大脚仙, 발 큰 선녀), 반재미인(半載美人, 반쪽 미인)이라고 조롱했다. 발 큰 여성은 시집가기조차 힘들었다.

이처럼 점차 전족은 여성미를 나타내는 조건이 되었다. 남송 때는 노래하는 기녀에 대해 사절(四絕: 네 가지 장기)을 요구했다. 사절은 각절(脚絕), 가절(歌絕), 금절(琴絕), 무절(舞絕)로서 예쁜 발, 노래 솜씨, 빼어난 가야금 연주 실력, 춤 솜씨를 말한다. 전족은 낮에는 남자들에게 감상의 기쁨을 주고, 밤에는 노리개로 활용되었다.

중국 남자들은 먹을 것이 넘쳐나는 연회석상에서 여자의 세치 신발을 술잔 삼아 술을 마시기도 했다. 그리고 이 비인간적인 작은 발 전족에 맞는 작은 신발을 금련배(金蓮杯)라고 했다. 금련(金蓮)은 여자의 예쁜 발을 형용(形容)하는 말인데, 한련(旱蓮)이라고도 한다. 그리고 미인의 걸음걸이는 금련보(金蓮步)라고 한다. 흥미로운 사실은 한국 영동지방에서 결혼식이 끝난 후 신랑 다루기의 하나로 신랑 구두에 술을 따라 신부와 신부 들러리들에게 마시도록 강요하는 풍습이 있는데, 설마 이것이 금련배의 유습이라고 생각하고 싶지는 않다.

명나라 때의 기서(奇書) 『금병매(金瓶梅)』 제6회에는 장안의 소문난 화화공자(花花公子, 플레이보이) 서문경(西門慶)이 무대의 아내이자 호랑이를 맨 손으로 때려잡았다는 무송의 형수 반금련(潘金蓮)을 유혹해 첩으로 삼은 뒤 그녀의 세치 금련 신발을 벗겨 술을 따라 마시며 노는 대목이 나온다. 이와 같은 변태행위의 근저에는 무엇이 자리잡고 있을까? 청대 방현(方絢)의 ＜관월사(貫月査)＞에는 여인의 앙증맞은 작은 금련 신발을 쟁반 위에 올려놓고 한 자 다섯 치 정도의 거리 밖에서 손님들이 젓가락으로 팥이나 연밥 등을 집어 던져 넣는 놀이가 묘사되어 있다. 만일 집어넣지 못하면 벌주를 마셔야 한다. 말은 벌주지만 숨은 의도는 신발에 밴 여인의 발 냄새를 맡기 위함이다. 방현의 또 다른 시 ＜채련선(采蓮船)＞은 세치 발을 한 여인과의 사랑을 동경하는 남자들이 아예 도자기로 세 치 전족 모양 술잔을 만들어 두고 여인이 그리울 때 그것으로 남다른 감회와 함께 술을 마신다는 내용을 담고 있다(김명석, 『역사 속 중국의 성문화』 참조).

이런 전족에 대한 집착 혹은 이상 행위를 당시는 금련벽(金蘭癖)이라는 이름으로 불렀다. 우리는 어떤 일에 치우친 사람을 편벽되다고 말하는데, 여기서의 편은 치우치다는 의미고, 벽은 후미지다는 뜻이다. 따라서 편벽은 '어떤 일에 지나치게 치우침'이라는 부정적 뉘앙스를 지닌 말이다.

"소각일쌍, 안루일홍(小脚一雙, 眼淚一缸)"
(작은 발 한 쌍에 눈물 한 항아리)

얽어매 묶은 발 전족(纏足: 얽힐 전)은 과각(裹脚: 쌀 과/꾸러미 과, 보자기 같은 것으로 싸다, 얽다), 전소각(纏小脚), 과소각(裹小脚), 찰각(紮脚: 감을 찰, 廣東지방)으로도 불렸다. 헝겊 천으로 하루 종일 칭칭 동여매고 살다보니 발은 기형이 되었다. 그러면서 남자들의 악취미에 점차 익숙해져 갔다. 이윽고 전족은 성의 상징이 되었다. 남자가 여자의 발을 만지는 것은 교접의 예비행위로 간주되었다.

욕망의 음식: 종자(粽子)

전족의 희생자는 여성이다. 모진 고통을 견디고 변태에 가까운 남성들의 기호를 충족시키는 완상물에 다름 아닌 전족을 완성해야 하는 건 여성들의 몫이다. 결국 남성들은 자신들의 성적 취향을 심미성으로 위장하고 여성들에게 전족을 강요했다. 더불어 자신들의 불순한 욕망이 아름다운 결과를 맺도록 아름다운 전족을 위한 음식을 창조했다.

어린 아이가 전족을 한 다음 날 종자를 먹도록 한 것이다. 종자는 찹쌀에 대추 따위를 넣어서 댓잎이나 갈잎에 쪄서 먹는 식품이다. 왜일까? 남성들의 단순함이 엿보이는 이 종자는 전족한 발의 모습과 닮았다. 때문에 종자를 먹는 풍습은 예쁘고 앙증맞고 매력적인 세치 전족이 되기를 바라는 남성들의 검은 욕망이 반영된 음식이다.

결혼한 남녀가 맞이하는 초야 의식의 제1단계는 만(挽). 남성이 전족을 한 여성에게 붉은 신을 선물하는 일이다. 2단계는 탈(脫). 남녀가 함께 침상에 오르고 사내는 흥분된 마음을 억누르고 여인의 전족한 발에 묶은 헝겊 띠를 풀어준다. 3단계 의식은 세(洗). 준비한 깨끗한 물로 남자가 여자의 발을 씻어준다. 세족이 주는 감미로운 감촉과 함께 여자는 남자의 헌신에 감격하기 쉽다. 제4단계는 마(磨). 발톱을 깎아주고 엉겨 붙은 군살을 밀어 낸다. 5단계는 식(拭, 닦을 식). 잘 씻고 발톱을 다듬은 뒤 향기로운 분가루를 뿌려주는 의식이다. 마지막으로 6단계는 도(塗, 칠할 도). 참을성 강한 남자는 기왕에 여자의 손발톱에 아름다운 색깔을 입히는 서비스를 제공한다.

＜향련품조(香蓮品藻)＞라는 글을 쓴 방현은 여성의 작은 발, 즉 전족을 칭찬받아 마땅한 것, 영예롭게 사랑받는 것, 싫어하는 것, 굴욕적인 것 등 58개 항목으로 나누고 있다. 그런데 이렇듯 전족에 심취하는 것은 아무래도 정상적이라고 보기 어렵다. 다분히 변태적인 이상심리는 여성주의자(페미니스트)가 아니더라도 혐오감을 느끼게 하기에 충분하다. 이런 비정상적 취미를 금련벽 또는 연벽이라고 불렀다. 중요한 것은 금련벽을 가진 남성의 욕구를 충족시켜줄 수 있는 부류는 대부분 부유한 상류층 여성들이었다는 점이다. 하류층 여성들은 살기에 바빠 발가락을 억지로 비틀어 천으로 동여매고 관리한다는 건 불편을 넘어 불가능에 가까웠다. 전족에 빠지는 금련벽의 남성들 역시 경제적으로 여유가 있는 신분 높은 상류층에 속한 인사들이었다. 아이러니한 것은 사회적으로 금련벽이 유행하자 여성의 의식 변화가 생겨났다는 점이다. 민간 여성이나 구중심처 궁궐의 여인들 모두 전족을 여성에 대한 억압과 굴욕이라 여기지 않고, 시류를 틈타 전족을 이용해 남성들의 사랑을 획득하려는 적극적인 모습을 보이기 시작했다. 작고 뒤틀린 기형의 발이 자신의 브랜드 밸류를 높여줄 수 있는 소중한 보물로 인식되기에 이른 것이다. 암암리에 고귀한 신분의 상징으로 여겨졌던 까닭에 전족은 신분 상승의 대기표이기도 했다. 마침내 전족은 여성의 필수조건이 되었다. 때문에 전족을 안 한 여성은 콤플렉스를 느끼면서 정실이 전족을 한 첩의 눈치를 보거나 질투하는 상황이 생겨났다. 여기서 반드시 짚고 넘어갈 것은 전족이 남성의 독특한 내지 병적인 이상 심리를 반영하는

불편한 심미주의의 농간에서 비롯된 여성에 대한 구속이며 여성에 대한 통제로서 기능한다는 점이다. 다시 말해 성의 파워게임에서 여성들이 졌다는 것이다. 아름다움이라는 이름으로 남성들이 파놓은 함정에 여성들이 자발적으로 빠진 결과가 전족의 확산이다.

방현 이외에 또 이립옹(李笠翁)이라는 전족전문가가 있다. 그에 의하면, 전족을 하는 가장 큰 목적은 남자들의 성적 기호 혹은 취향을 만족시키고 애무를 하기 위한 것이다. 당시 한족(漢族) 남자들은 전족이 자신들의 시각, 후각, 촉각, 청각을 자극한다고 보고, 이 4가지 감각으로 전족 감상의 포인트를 정한다.

감상 포인트는 모양, 질, 자세, 신(神)의 네 가지로 나뉜다:

첫째, 모양의 아름다움은 섬(纖, 가늘 섬), 수(瘦, 여윌 수), 만(彎, 굽을 만), 예(銳, 날카로울 예), 뾰족할 만한, 평(平, 평평할 평), 원(圓, 둥글 원), 직(直, 곧을 직), 단(短, 짧을 단), 착(窄, 좁을 착), 박(薄, 얇을 박), 교(翹, 꼬리 긴 깃털 교: 엄지발가락이 갈퀴 모양으로 되어 있어 위로 펼 수 있는 모양), 칭(稱, 저울 칭: 발가락의 비례가 균형 잡힌 것)으로 평가한다.

둘째, 질의 아름다움은 경(輕, 가벼울 경), 결(潔, 깨끗할 결), 백(白, 흴 백), 윤(潤, 빛날 윤), 온(溫, 따뜻할 온), 연(軟, 부드러울 연) 등으로서 판단한다.

셋째, 자세의 아름다움은 교(嬌, 아리따울/맵시 있을 교), 교(巧, 공교할/예쁠/아름다울 교), 염(艶, 고울 염), 미(媚, 풍치 아름다울/아양 부릴 미), 온(穩, 평온할 온) 등으로 파악한다.

넷째, 神의 아름다움은 유(幽, 그윽할 유), 한(閑, 한가할/아름다울/품위 있을/조용할 한), 아(雅, 우아할 아), 수(秀, 빼어날 수), 운(韻, 소리의 울림/餘韻/氣品 운)에서 찾는다.

출처: 김명석 저, 『역사 속 중국의 성문화』에서 발췌

14

세상에 이런 王도

: 전하, 이러지 마시옵소서

가만히 있으면, 정확히 말하면 가만히만 있었으면, 늙어 죽을 때까지 왕 노릇을 할 수 있는 나라가 있다. 4년 전 부탄에 다녀온 모 출판사 김사장은 그 왕이 인류역사상 가장 위대한 왕이라고 말했다. 아직도 지구상에는 왕이 직접 통치하는 왕정국가가 여럿 있다. 브루나이의 국왕도 국민들의 존경을 받는다. 표면적으로는 그렇다는 말이다.

부탄은 위로는 중국, 아래로는 인도 아삼주(the Assam state), 좌측으로는 인도 시킴주(the Sikkim state), 우측으로는 인도 아룬찰 프라데시주(the Arunchal Pradesh state) 사이에 끼어 있는 나라다. 현지어로는 드룩 율(Druk Yul, '용의 나라') 혹은 드룩 걀 카(Druk Gyal Khap, '용왕국')라고 한다. 면적은 우리나라의 1/5이 채 안 되는 히말라야 산 중의 소왕국 부탄의 인구는 채 백만이 안 되어 몰디브 다음으로 인구밀도가 낮은 지역이다. 수도는 팀푸(Thimphu). 종카어(Dzongkha)가 공용어지만 네팔어와 영어가 통용된다. 종교는 티베트와 라다크처럼 라마 불교이고, 정치체제는 입헌군주제다. 잡드룽 링포체라는 영적

부탄은 티베트불교를 믿는 나라다. 히말라야 산중 어디를 가도 불교사원 드종 혹은 곰파가 있다. 수도인 팀푸를 지나는 왕추 강변에 위치한 타쉬쵸 드종은 '영광스런 종교의 성채'란 뜻을 지니고 있으며, 현재 부탄 정부 청사 겸 불교사원으로 사용하고 있다.

인 지도자가 이끄는 부탄의 영토는 다수의 장원(봉토)으로 이루어져 있으며 불교 神政(신권정치)에 의해, 즉 왕에 의해 지배받는다. 10년 전인 2008년 3월 24일 절대군주제에서 입헌군주제로 바뀐 것인데 그렇게 된 사연이 기가 막히다.

19세기에 발생한 내란의 결과 왕축 가문이 국가와 민족을 재통일하고 인도와 전략적 동반자 관계를 맺었다. 대를 이어 왕위를 계승하는 세습군주제를 못마땅하게 여긴 건 현 국왕의 조부인 3대 국왕 마하라자 왕축이었다. 입헌군주제를 추진하려던 그가 뜻을 이루지 못하고 요절하자(1972년), 황태자인 지미 싱게 왕축이 17세에 왕위에 올라 아버지의 유지를 받들어 입헌군주제를 실시하려 했다. 그러나 신하들과 국민들이 호응하지 않았다. 국왕이 백성을 아끼고 선정을 펼치는데 구태여 그럴 필요가 없다는 것이 지배적인 의견이었다. 그러자 왕은 궁 밖으로 나가 전국을 돌아다니며 국민들을 만나

부탄의 현 국왕 지그메 케사르 남걀 왕축과 왕비 제선 페마 부부

일일이 설득하기 시작했다. 지금은 괜찮다지만, 나중에는 폭군이 나올 수도 있고, 잘 하는 왕도 나이 들어 망령이 들어 제대로 역할을 못 할 수도 있지 않느냐. 그러니 왕 한 사람이 함부로 못하게 제도를 바꿔놓아야 한다. 왕의 임기도 정년제로 하자. 결국 왕의 끈질김이 승리하고 왕의 정년이 65세로 정해졌다.

그렇게 해놓고 왕은 자신의 역할을 다 했다며 55세 나이에 왕좌에서 물러나겠다고 발표한다. 정해진 정년을 안 채우고 은퇴를 하겠다는 말이다. 스물일곱 먹은 아들이 "아직 젊으시니 모쪼록 정년 임기는 채워주세요. 저는 아직 어려서 국정 수행이 힘들 듯합니다"라고 했다가 "야, 이놈아! 힘들긴 뭐가 힘들어. 나는 열일곱 나이에 왕위에 올랐다"는 면박만 받았다고 한다. 그리고 왕궁은 국가에 헌납하고 따로 소박한 집을 지어 부인 셋과 그곳에서 살고 있다. 그리고 정치에는 일절 관여하지 않는다. 훈수를 두거나 간섭을 하지 않는다. 이런 특이한 왕이 다스렸고, 또 그 못지않게 매사를 국민 편에서 생각하는 현 국왕은 영국 유학파로 평민과 결혼한 낭만주의자다. 자매

지간인 아버지의 세 부인이 그에게는 다 어머니다. 티베트 문화권에서는 일부다처제가 용인되므로 왕이 여러 명의 부인과 산다 해서 허물이 되지 않는다.

인구가 100만이 채 되지 않는 산중왕국 사람들의 살림살이는 빈한하다거나 소박하다는 정도로 밖에 말할 수 없다. IT 관련 직종이나 의사 같은 전문직을 제외한 보통 사람들 한 달 수입이 미화 100달러에 불과한 가난한 나라지만 국민들 행복지수는 아주 높다. 김사장이 웃으며 말했다. "부탄에 가는 외국인 관광객은 하루에 무조건 250달러를 써야 한다는 것 때문에 며칠 동안은 욕을 하고 다녔는데, 관광객이 지출하는 250달러 중 80달러가 'royal fee'라는 명목의 국가 수입으로 들어간다더라. 그리고 이 돈은 국민들 복지를 위해 사용된다고 합디다. 부탄에서는 교육과 의료가 무상으로 이뤄진다고 하더라구요. 그 말을 듣고 하루 250달러의 여행비용이 아깝지 않더만요. 내가 낸 돈이 국가와 국민을 위해 사용된다니 말이지요. 솔직히 부러웠어요. 국민을 행복하게 해주는 왕이 있다는 게."

부탄의 어린이들

부탄에서는 초등학교에서 대학에 이르기까지 무상교육을 실시한다. 수업은 하루 한 시간만 국어인 종카어로, 나머지 수업은 다 영어로 진행한다. 왕의 생각은 "우리는 인구가 채 백만도 안 되는 아시아, 히말라야 산 속의 가난한 나라다. 세계에 나가 우리나라 말 쓰면 누가 알아나 듣겠느냐? 국제어인 영어를 배우고 익히자"라는 것이다. 이런 일은 생각은 쉬우나 실행이 어려운 문제다. 그런 일이 부탄에서는 진행되고 있다. 결국 제도냐 사람이냐를 놓고 볼 때 제도가 중요한데, 그런 제도는 누군가 사욕이 없고 모든 일을 국민의 편에서 생각하는 지도자에 의해 만들어지는 것이니…

부탄은 의료 혜택도 무상이다. 위중한 병이라 자기네 나라에서 못 고치면 인도에 비행기를 태워서라도 데려가 치료를 받게 한다니 약속대로, 정해진 대로 실행하는 정부가 있어 부탄 사람들은 안심하고 행복하게 살만하다. 달리 말하면, 정치를 잘 하면 모든 게 잘 된다. 이웃 국가 네팔과 비교하면 두 나라는 확연히 다르다. 부탄은 자원도 부족하고 네팔보다 못 사는 나라다. 수도인 팀푸는 협곡 사이에 자리 잡고 있다. 그런 환경이라 공항은 큰 비행기가 뜰 수 없다. 국방과 외교를 인도에 위임했기에 우리나라 관광객이 부탄 비자를 받으려면 인도대사관에 가야 한다. 그런데 부탄 사람들 얼굴은 편안하다. 팀푸 시내 호텔에서 허드렛일을 하는 사람들은 인도인이다. 식당 종업원들도 돈 벌러 온 인도인들이다. 묘한 아이러니다.

단청이 아름다운 나라 부탄. 티베트나 네팔, 라다크, 중국 장족 거주 지역의 티베트 불교 사원의 단청은 칙칙하고 어둡다. 그래서 음산한 느낌을 준다. 창문도 네모꼴이 아니라 아치형 등 다양한 형태다. 푸나카 여름궁전의 단청은 고귀한 품격의 예술작품이다. 단청의 여러 색 중 특히 파스텔 톤의 연보라색은 주변에서 들리는 새소리와 어우러져 사람의 마음을 한없이 편안하게 해준다.

부탄은 교통신호등이 없는 나라다. 국왕 지메 케사르 남걀 왕축의 선한 눈빛이 국민의 머리 위를 비추는 나라다. 그 빛은 깊은 산속에까지 미친다.

15

언어가 다르면 사고가 다르고 문화가 다르다
: 작명 관습(Naming Convention)의 차이

한때 영어로 이름을 짓는 일이 유행했던 적이 있다. John, Max, Richard, Edward, Bob, Charles, Elisabeth, Amy, Alice, Mary, Susan, Jane 등이 인기를 끌었다. 영어권의 사람들이 자식의 이름을 어떻게 지었을까? 여러 이름 중에서 자신의 자식의 이름으로 적합하다고 선택하는 기준은 무엇이었을까? 사람은 생각보다 그리 이성적이거나 오랜 시간 고민하는 데 익숙하지 않다. 그러니 아마 순간적인 '감'에 의존하기 쉽다. 퍼뜩 떠오르는 이름을 하늘이 준 이름으로 여기고 그 이름이 영감처럼 느껴지는데 대한 그럴싸한 이유를 찾는 것이다. 서양 사람들은 자신이 존경하거나 자식이 닮고 싶은 사람의 이름을 자식의 이름으로 삼는 경향이 있다. 예를 들어, 교황 요한 바오로 II세를 흠모한다면 자식의 이름을 John이라고 짓는 것이다. 자신의 아버지를 닮기 바라는 아버지는 자기 아들에게 할아버지의 이름을 붙인다. 그럴 경우 할아버지는 시니어, 손자는 주니어로 불린다. 미들 네임과 라스트 네임은 각각 개인의 특징이 드러나는 이름과 가문의 성이다. John Johnson처럼

미들 네임이 없는 경우도 있다. Carl Viggo Manthey Lange라는 이름에서 Carl과 Viggo는 given names, Manthey는 엄마의 처녀적 이름을 가져다 쓴 middle name이다. 그리고 마지막의 Lange는 집안의 姓이다. 보다시피 여기서의 중간이름은 부칭이 아닌 모계의 이름이다. 영어권에서 중간 이름으로 남자들은 James, John, William, Thomas, 여자들은 Louise, Rose, Grace, Jane의 순으로 많이 사용한다.

우리는 서양과는 달리 성을 먼저 쓰고 그 다음이 이름이다. 남자 이름은 대개 돌림자를 이용해 짓는다. 이렇듯 이름짓기, 즉, 작명방식은 문화적 차이를 보인다. 달리 말해 작명방식이 지극히 다양하다는 것이다.

고대 로마의 시민은 보통 세 개의 이름을 갖고 있었다. 개인 이름인 프라이노멘, 씨족 이름인 노멘, 집안 이름인 코그노멘. 가장 위대한 정치가라는 데 이견이 없는 시저의 본 이름은 가이우스 율리우스 카이사르(Gaius Julius Caesar)다. 그는 이름이 가이우스로 율리우스 일족의 카이사르 가문 출신인 것이다. 옛날에는 개인 이름이 다양하지 않았다. 가이우스, 티베리우스, 그나이우스, 아피우스, 루키우스, 푸블리우스, 마르쿠스 정도였다. 이름 짓기가 귀찮았다. 다섯 번째 아들부터는 퀸투스(오남이), 섹스투스(육남이), 셉티무스(7남이), 옥타비우스(8남이), 데키우스(십남이) 이런 식으로 불렀다. 그래서 집집마다 퀸투스가 있었다. 누군가 동네 광장에서 마을이 떠나가라 큰 소리로 퀸투스를 부르면, 이 집 저 집에서 퀸투스가 모습을 드러냈다.

여자들은 원래 개인 이름조차 없었다. 그러다가 일족 이름의 어미를 변화시켜 여자들의 이름으로 사용했다. 시저 집안 여자들은 너나없이 일족 이름 율리우스에서 남성 어미 -us 대신 여성 어미 -a를 붙여 율리아(Julila)라고 불렀다. 성은 남편의 성을 따랐다.

John의 타락

어린 시절 주변에 흔한 수캐 이름이 '쫑'이었고, 암캐 이름은 '메리'가 흔했다. '덕구'도 있었다. John과 Mary, dog의 한국화한 명칭이었다. 이렇듯 하나의 단어가 다른 언어 사용자와 만나면 모양과 소리가 달라진다. 영어 John의 변이형은 무수히 많다.

무엇이고 시작이 있으니 John씨에게도 기원과 변천과정이 있다. 남성 고유명사 John은 중세 영어 시기에는 Jon, Jan이었다(12세기 중반까지). 영어 명칭 John이 탄생하기까지는 긴 차용의 과정이 있었다. 히브리어 Yohanan이 그리스어 Ioannes로, 고대 라틴어 Joannes와 이의 변형인 중세 라틴어 Johannes를 거쳐 고대 프랑스어 Jan, Jean, Jehan으로, 마침내 중세 영어 Jon, Jan이 되었다가 현재 우리가 사용하는 John으로 변한 것이다. 현대 프랑스어에서는 Jean으로 살아남았다.

마찬가지로 다른 언어와 만나서는 다른 모습 다른 소리로 변신해 있기 때문에 일반인들은 러시아 이름 Ivan이 영어 이름 John과 같은 것인지를 모른다. 라틴어 이름이 프랑스어를 만나서는 Jean으로, 스페인어로는 Juan, 이탈리아어로는 Giovanni로, 포르트갈어로는 João으로 실현되었다. 네덜란드어로는 Jan, Hans, 독일어로는 Johann, 웨일스어로는 Ieuan, Efan이 John이다.

John이라는 이름을 갖고 있는 수많은 남자들. 이 가운데 아는 사람이 있을까?

기독교 세계인 구미에서 남녀의 이름으로 가장 많이 쓰이는 것이 John과 그 변이형이라는 사실은 사람들이 예수 제자 중 John을 가장 선호한다는 증거일 수 있다. John이라는 이름이 흔하다보니 제일 평범해서 익명성이 보장된다고 생각한 때문인지, 점잖은 신사 양반들이 해우(解憂)의 기쁨을 누리기 위해, 즉 육체의 근심을 풀기 위해 매춘부를 찾을 때 너나없이 자신의 신분을 John이라고 밝히기 시작했다. 그렇게 해서 1911년부터 이 고유명사는 '매춘부의 고객(prostitute's customer)'을 뜻하는 말이 되어버렸다. 말은 이렇게 시대상을 반영하며, 의미가 달라지고 용도가 변한다.

이 끈질긴 생명력을 가진 인명 John의 히브리어 Yohanan은 어떤 뜻을 담고 있었을까? Yo(>Jo; Yah>Jah)와 hanan("he was gracious")으로 분할되는 이 말은 문자적으로는 "여호와 하느님께서 총애하시다/은총을 내리시다(Jehovah has favored)" 또는 "하느님은 자비로우시다(Jah is gracious)"라는 의미를 지닌다. 그러니 얼마나 엄청난 이름인가?! 사람은 이름값을 하고 살아야 한다. 흔한 이름 John에 숨어 있는 위대한 의미가 그것이다.

이쯤에서 기독교인들에게 던지는 질문. 예수(Jesus)의 히브리어 말뜻이 무엇인지 아십니까? 구약성경의 Joshua를 그리스인들은 오늘날의 영어 Jesus에 가까운 Iesous라 했고, 이것이 후기 라틴어 Iesus를 거쳐 영어 Jesus가 되었다. Joshua는 "여호와 하느님은 구원이시라(Jah is salvation)"는 뜻의 셈어계의 아람어 고유명사(the Aramaic(Semitic) proper name) Jeshua와 동족이다. 히브리어로는 Yehoshua(후기 형은 Yeshua 혹은 Yoshua)라고 했는데, 헬레니즘 시기 아주 흔한 유대 이름이었다.

고대영어는 '구세주(savior)' 대신 hælend를 사용했다. hælend의 문자적 의미는 'healing'으로 hælan의 현재분사의 명사적 용법이다.

히브리인들의 하느님은 야훼(Yahweh)다. 이는 4개의 자음으로

字譯(tetragrammaton)된 히브리어로 신의 이름을 나타내는 거룩한 4문자 YHVH(yod, he, vav, he) 혹은 YHWH가 'was'를 뜻하는 히브리어 동사 hayah의 초기형인 hawah의 미완료형(imperfective)이라는 가정 하에 1869년에 재구성한 것이다. 그보다 앞서 1530년 Tyndale이 영어로 Jehovah[dʒihóuvə]라고 音譯(transliteration)했다. Yahweh의 말뜻은 '존재하시는 분(the one who is, the existing)'으로, 줄여서 Yah라고 하는데, 1530년대 영어에서는 Jah라고도 했다. Hallelujah, Elijah 등의 단어 두 번째 요소에 들어있는 jah와 어원이 같다.

구약성서의 신을 나타내는 4문자로 된 히브리어 YHWH, 즉 야훼(Yahweh)를 1530년에 Tyndale이 영어로 음역(音譯, transliteration)한 것이 Jehovah[dʒihóuvə]다.

이와는 달리, 중앙아시아 초원과 산악을 삶의 무대로 수렵과 목축 생활을 영위하는 유목민들은 개인의 이름이든, 씨족이나 부족 등 집단의 명칭이든 자연계에서 그 대상을 찾는 경향이 있다. 대체로 자연친화적인 작명방식을 택하는 것이다. 고대 부족연맹체였던 부여의 행정제도를 보면 가축의 이름을 붙인 4개의 지배집단 마가(馬加), 우가(牛加), 저가(猪加), 구가(狗加)가 있다. 몽골의 경우도 동물로 관직명을 정했다. 양을 책임지는 관리를 일컬어 호니치(qonichi)라고 하는데, 호니(qoni)란 양을 말한다. 말을 책임지는 사람은 모리치(morichi)로 모리(mori)란 말(馬)을 가리킨다. 낙타를 책임지는 사람을 테무치(temuchi)라고 하는데 테무(temu)는 낙타를 지칭하는 이름이다. 모두가 다 목축하는 짐승의 이름으로서 직책을 삼았다. 칭기즈칸의 어린 시절 이름 테무진도 그 말뜻이 '대장장이'가 아니라 '낙타돌이'이기 쉽다.

인도 땅에 무굴제국을 세운 페르가나의 군주 바부르(Babur)도 유목민의 후손이다. 그는 부계는 티무르, 모계는 칭기즈칸에 닿아있다. 부계가 칭기즈 칸 가문의 큐레겐(Kürügän), 즉 사위임을 내세우

칭기즈 칸의 모습.
사진이 없던 시절이라 그리는 이의 느낌에 따라 인상이 일정하지 않다.

며 사마르칸드를 중심으로 티무르 제국을 세운 티무르 쪽이고, 모계는 칭기즈 칸의 혈통을 이어받았다. 그의 이름 바부르는 '호랑이'라는 뜻의 말이다. 기원전 2세기 흉노 선우 모둔의 아들로 월지를 공격해 대파한 로상(老上) 선우(單于, '천자')가 있다. 로상은 '사자(獅子)'를 가리키는 투르크어 아르슬란(arslan)의 한자 표기다. 마찬가지로 양귀비를 죽음에 이르게 한 중앙아시아 안국(安國, 오늘날의 우즈베키스탄 부하라 지역)을 연고지로 하는 안록산(安祿山)의 이름 록산(祿山)도 아르슬란의 음차어다. 자고로 남자들은 자신이 용맹한 존재로 인식되길 원한다. 전사의 이미지로 사자 이상의 것이 없다. 12세기 영국의 왕이었던 리차드 1세(1157~1199년)의 별명도 '사자왕 리차드(Richard the Lionheart)'였고, 셀주크 제국의 두 번째 술탄의 이름도 알프 아르슬란(Alp Arslan, 영웅적 사자)였다. 그의 부친 차그리 벡(Chaghri Beg)의 차그리는 투르크어로 '작은 송골매'라는 뜻이다. 차그리의 형이자 셀주크 투르크 제국의 건설자인 투그릴 벡(Tughril Beg)에서의 투그릴은 오늘날의 터키어 투룰(turul)에 해당하는데 헝

가리와 터키 민담에 등장하는 송골매와 흡사한 신화상의 새의 이름이다. 제국에 자신의 이름을 남긴 시조 셀주크(Seljuk)는 그 이름이 페르시아어 살주크(saljuq)에서 파생된 것으로 '말 잘하는 사람, 능변가'라는 뜻을 지니고 있다.

흑의대식(黑衣大食)이라고도 불리는 압바스 왕조에 의해 다마스커스를 수도로 하는 무슬림들의 왕국을 통치하고 있던 백의대식(白衣大食), 즉 우마이야드(Umayyad: 우마이야의 자손들)가 죽기 살기로 달아나 스페인 코르도바에 정착한 뒤 그곳을 중심으로 이베리아 반도에 이슬람 문화의 꽃을 피웠다. 코르도바 에미르 공국 초대 에미르(Emir, 대공; 추장; 토후)는 압달 라흐만 1세. 그의 별명도 '쿠라이시의 송골매'(Saqr Quraish: 'the Falcon of the Quraysh')였다.

바이칼 호수 일대에 주거하는 부리야트족은 늑대(buri)족이다. 발해는 여진족 말로 'boka(늑대)'라는 뜻이다. 에벤키족은 몽골어로 '너구리(얼벙쿠)'족이라는 말이다. 색륜족(索倫族)은 '(누런)족제비'라는 뜻의 솔론(Solon) 부족을 가리킨다. 몽골 북부 홉스골 호수 주변에 살고있는 차탕족은 순록 유목민이다. 족명으로만 보자면 탁발선비 또한 순록(tabu)을 기르는 집단이었다. 사하족(The Sakhas)도 순록유

바이칼호 주변을 삶의 무대로 살아가는 부리야트족의 다채로운 복식과 우리와 닮은 얼굴.

목민을 가리킨다.

암흑세계의 인물들도 자신의 별명으로 상대나 주변인들을 제압한다. 쌍칼, 도끼와 같은 섬뜩한 이름도 있지만, 시라소니, 불곰, 독사와 같은 동물 이름이 흔하다. 요즘 한국 음악의 인기 장르로 힙합이 부각되었는데, 대부분 본명보다는 거친 느낌의 예명으로 활동한다. 도끼, 면도, 스컬, 드렁큰 타이거, 타이거 JK, 개코, 어글리 덕, 해시스완, 지드래곤, 스나이퍼, 랩 몬스터(이상 남자); 치타, 캐스퍼(여자) 등이 대표적이다. 일반 가수들 이름도 기묘한 것들이 많다. 양파는 애교스러운 편이고 여가수가 거미라고 한 건 그 까닭이 궁금하다.

이런 식의 이름짓기가 하나의 문화 유형이라면, 세상에는 독특한 작명 관습 내지 문화를 지닌 민족이 많이 있다. 문명의 뒤안에서 살고 있는 소수민족들 중에 이색적이고 재미있는 작명방식이 전래되고 있는 경우로 아카족을 예로 들자면, 스미오를 조상으로 하는 아카족은 윗대 이름의 일부를 자식이 물려받는 이름상속의 전통이 있다. 20여 년 전 태국 북부 등지의 아카족 마을을 찾아다니며 조사한 바, 그 무렵까지 아카족은 65대가 이어져오고 있었다. 그 증거는 릴레이식의 이름에 남아있었다: 스미오－오뗄레－뗄레즘－즘모예－모예차－차띠씨－띠씨리…

16

치마에서 바지로

: 남자도 치마를 입는다

좋은 집안에 태어나야만 성공하란 법 없다. 공부 잘 한다고 좋은 직장 다니란 법 없다. 명문대학 다녔다고 인간성 좋으란 법 또한 없다. 행복에 관해서는 더 말할 나위 없다. 집안 사정이 좋지 않아 정규 교육은 못 받았어도 인간성 더없이 좋은 친구들이 있다. 시건방지지 않고 남과 사이좋게 지내며 즐거워하는 엘리트들도 있다. 어려운 가정환경 탓하지 않고 스스로 노력해 일가를 이루고 행복하게 살아가는 선한 이웃들도 많다.

30년 전 네팔에 처음 갔다가 항공편 예약 재확인(reconfirmation)을 위해 카트만두 시내에 있는 작은 여행사에 갔을 때다. 순진하게 생긴 눈망울 큰 스무 살 안팎의 여직원과 허드렛일 도와주는 그 또래의 젊은이와 그의 백수 친구 두어 명이 자리를 지키고 있었다. 하릴없는 젊은이들은 이방인의 출현에 잠시 호기심을 보이다가 이내 저희들끼리 하던 대화를 계속 이어갔다. 나는 이네들의 진지한 표정에 드러나는 그들의 진심이 놀라웠다. 이들은 벵골만 일대에서 발생하는 사이클론 때문에 물난리가 나서 죽거나 살 집을 잃거나 한

네팔을 대표하는 주요 관광지: 수도인 카트만두와 포카라, 그리고 파탄.

방글라데시 사람들을 걱정하고 있었다. 딱해서 어쩔 줄 모르겠다고 말하는 가난한 나라 네팔의 젊은이들은 맨발이었다. 누가 누구를 걱정하는지… 그래도 자신들은 태풍 걱정은 없다고 순하게 웃었다. 그해 가을학기 나는 우리 학생들에게 현실에 불만 있는 사람들은 네팔에 가보라고 말했다.

네팔을 좋아하는 여행자가 있다. 그 사람의 실제 직업은 의류업이다. 그가 맞춤양복을 전문으로 하는 유명 의류점의 대표가 되기까지의 과정은 우연과 필연의 결합이다. 네팔 왕과 그 가족들 및 정부 관료들이 고객이기 때문에 출장 맞춤 서비스로 네팔을 자주 찾았다. 네팔의 정치 지형이 바뀌면서 고객의 수요가 줄어들자 네팔행은 뜸해졌다.

이라크의 수도 바그다드 외곽에 세워진 알 카디미야 사원. 이곳에는 시아파 이슬람 제7대 이맘 무사 알 카짐과 9대 이맘 무함마드 알 자와드의 무덤이 있다.

대신 이라크 고위층으로부터 다니러 오라는 러브콜이 왔다. 테러 위험 때문에 현지 도착 후 호텔 객실에만 머물며 비즈니스를 수행했다. 그 비즈니스라는 것이 호텔 객실에서 요직에 있는 사람들이 찾아오면 몸 치수를 재고, 함께 옷감을 고르고 하는 일이다. 고대 메소포타미아 문명 지대, 압바스 왕조 이슬람의 新 首都로 건설된 계획도시 바그다드, 이곳이 중세의 동과 서를 연결하고 지배하는 곳이었다. 지상 최고의 권력자 칼리프에게 세상의 모든 정보와 지식이 전달되는 곳, 여기서 이슬람의 황금시대가 열렸다. 그러나 현재는 관광하기 불편한 지역이다. 아프가니스탄과 마찬가지로 목숨 걸고 다녀야 한다.

잡전투(the Battle of the Zab)에서 압바스 왕조가 뒤집은 우마이야 왕조는 이베리아 반도로 건너가 코르도바(Cordoba)를 수도로 삼고 삼백년 가까운 세월 이베리아를 지배한다.

고도 바그다드: 최초의 무슬림 왕조인 우마이야드 왕조를 몰아낸 압바시드 왕조의 지배자들은 구 수도인 다마섹(오늘날의 다마스커스)을 대신할 자신들의 수도를 세우고자 했다. 사산 왕조 페르시아의 수도인 크테시폰 북쪽 땅이 신도시 건립지로 결정되었다. 오늘날의 바그다드다. 그 이전에는 바빌론이 자리 잡고 있던 곳이다. 그림은 J. P. Berjew가 편집한 『Travels in Asia and Africa』에 수록된 것이다.

맛과 멋

음식은 맛있어야 하고, 사람은 멋이 있어야 한다. 멋이 없는 사람은 기쁨을 모른다. 기쁨을 모르므로 행복하지 않다. 행복하지 않으므로 나만 생각한다.

학교에 가기 위해 양복바지를 꺼내 입으며 생각한다. 바지라는 옷은 누가 처음 고안한 것일까? 또 바지라는 말은 어떻게 해서 생겨

난 것일까?

지난 해 봄 스코틀랜드 에딘버러에 갔던 적이 있다. 모두들 정상적인(?) 옷을 입고 있었지만, 길에서 악기를 연주하는 남자 몇 명은 전통복장인 킬트(kilt) 치마를 입고 있었다. 타탄이라는 이름의 체크무늬 천으로 만든 무릎길이의 치마로 주 색상은 붉은색이지만, 푸른색 킬트도 있다. <브레이브 하트>라는 영화를 보면 멜 깁슨(월레스 역)이 몸에 걸치는 망토와 킬트 치마를 입고 진지하게 대화도 나누고, 밥도 먹고, 전투에도 뛰어든다. 또 다른 영화 <킹스 스피치>에서 조지 왕자가 에드워드 왕세자와 심슨부인이 주최한 연회에 참석하면서 킬트를 입고 간다.

스코틀랜드 고지대는 여름에도 춥다. 16세기 무렵부터 하일랜드 고유 의상으로 킬트를 입기 시작했다고 한다. 이 킬트가 스코틀랜드 민족주의의 상징으로 취급받게 된 결정적인 이유는 1745년 스코틀랜드의 반란을 접한 영국 의회가 "잉글랜드인과 스코틀랜드인은 다르다고 생각하게 만드는" 계기가 된 킬트 착용을 금지했기 때문이다. 그 덕분에 킬트가 스코틀랜드의 상징으로 인식되면서 킬트의 '민

스코틀랜드의 수도 에딘버러 전경

족의상화' 작업이 진행된다. 이 과정은 소위 근대에 이루어진 '없던 전통의 창조'라는 사회학 명제 중 가장 대표적인 사례가 되었다. 20세기 초 인도네시아 내부 인물들에 의해서가 아니라 식민지 정부의 주도하에 관광 관련 전문가 협의체가 구성되어 유럽인들을 위한 인도네시아 발리섬 관광 상품을 기획하고 개발 판매하는 일련의 프로젝트가 진행되었다. 관광산업 측면에서 만부득이 본래의 전통을 현재에 맞게 수정하는 작업이 필요했다. 특히 사원에서의 종교 의식은 원형을 있는 대로 관광객에게 노출시킬 수가 없었다. 따라서 케짝 댄스 같은 종교성 짙은 전통무용을 문화상품으로 판매하려면 상당한 개작 노력이 있어야 했다. 이런 전통의 수정, 즉 최근에 만들어진 전통을 전통의 창조라고 하는데, 에릭 홉스봄(Eric Hobsbawm)의 저작 『전통의 창조(The Invention of Tradition)』(1983)에 상세히 언급되어 있다.

에딘버러 성을 보기 위해 비탈길을 걸어 올라가던 중 심술궂은 바람에 날리는 킬트 치마를 보았다. 저 남자 치마 안에 속옷 입지 않고 있으면 무척 추울 텐데… 전혀 도움 안 되는 걱정을 하며 그 때도 바지의 유래에 대해 생각했었다. 사실 남자들이 바지를 입기 시작한 건 그리 오래되지 않았다.

로마시대 남자들은 토가(toga)라는 박스형 통치마를 입었다. 그래서 신성한 법정에 들어가려면 토가를 들어 올려 자신의 정체성을 확실히 보여줘야 했다. 당시는 백인 남성만이 자유 시민이었다. 여자와 노예는 시민이 아니었다. 그래서 '증언'이라는 영어 단어 'testimony'가 남성의 중요 부위를 나타내는 'testicles'와 어원이 같다. '브라캐'라는 니커보커 스타일의 무릎 바지로부터 로마시대 바지의 역사는 시작되었다.

태국, 미얀마, 라오스, 베트남, 캄보디아 등 아열대 지방 사람들 역시 론지(longi)라는 한 장의 천으로 하체를 감싸는 의상 아닌 의상을 입었다. 인도 남자들도 마찬가지다. 바지는 일종의 혁명이었다. 흑해 북안에 살던 고트족의 선물이 바지다.

17

욕망의 음식

: 죽음보다 깊은 유혹 - 달콤한 맛

"Life is bitter, and love is much more bitter. Hence we need sweets."

나는 단 것을 좋아한다. I love sweeties. I love sweet things. 잘 익은 멜론이 좋고, 물 뚝뚝 떨어지는 국산 배맛을 사랑하고, 연하고 보드라운 감촉의 홍시에 전율한다. 중국 사람들이 홍슈(紅薯, 붉은 감자)라 부르는 고구마 구이(군고구마) 앞에 침을 흘리고, 잘 우려낸 질 좋은 스리랑카 홍차에 설탕을 듬뿍 넣어 마시며 행복해 하고, 무더운 여름날 얼음 띠운 냉 설탕물 원샷으로 짜릿함을 느낀다.

뻬쩨라는 약칭으로 불리는 뻬쩨르부르크(Peter 대제의 도시라는 뜻) 시내 <백치(The Idiot)>라는 이름의 카페에서 맛 본 순수 초콜릿만을 녹인 핫 초콜릿은 내 생애 가장 맛있는 명품이었다. 그 맛을 잊지 못해 나는 바보처럼 다시 그곳에 가려 한다. 성 이삭 광장과 유수포프 궁 사이 운하를 낀 건물에 자리 잡고 있다. <백치>라는 상호는 표도르 미하일로비치 도스토예프스키(Fyodor Mikhailovich Dostoyevsky)의 동명의 소설 제목에서 가져왔다. 이 발음하기 까다로운 러시아 이름

제정 러시아의 수도였던 뻬쩨르부르크의 카페 〈백치(Идиот)〉가 들어서 있는 건물.

을 영어로 전환하면 Theodore Michael Dostoev－son이 된다. 가문을 나타내는 姓의 기원은 지명에 있다. Dostoev는 벨라루스(Belarus, 백러시아)의 소읍이다. 이 위대한 작가의 조상들이 그곳 출신인 것이다.

<백치> 카페의 운치와 베네치아 광장의 안정된 <카페 플로리안>의 정취는 묘하게 닮아 있다. 플로리안 역시 근사한 핫 초콜릿이 메뉴에 올라있지만 맛은 바보 카페에 비할 바가 아니다. 옥외 회랑 좌석에 앉아 커피든 핫 초콜릿이든 '멋진 맛'을 음미하며 아름다운 베네치아 광장을 내다보면 달콤 살벌한 음식의 역사와 인간의 문화가 그려진다. 커피가 가장 먼저 들어온 곳, 그래서 무수한 문인, 예술가, 지성, 귀족, 정치인, 성직자들이 무시로 드나들던 명소, 여기

카페 〈백치〉

서 마시는 커피는 그 자체의 맛을 보기 전에 이미 전승된 전설로 마시는 것이다. 그걸 환상적인 커피라고 밖에 달리 표현할 방법이 있겠는가? 보통 사람들은 커피를 쓴 맛으로만 즐겨야 되는 줄 아는데 커피 맛의 진수가 달콤함에 있다면 놀랄 사람 많을 것이다.

중세 유럽은 스윗트함에 온 정신이 팔려있었다. 달콤함에 매료되다보니 가정도 달콤해야 했고(Home Sweet Home), 말도 달콤해야 좋고(sweet talk, 듣기 좋은 말, 사탕발림), 남자도 sweet guy가 마음에 들고, 사랑도 sweet하길 바라고, 미소도 상냥하게 sweet, 방년 16세, 꽃다운 나이 17세는 sweet sixteen[seventeen]이며, 좋은 성격은 sweet character, 술도 달착지근한 sweet wine이 아름답고, 물 역시 sweet water라야 소금기 없는 담수(淡水)로서 물다운 물로 대접 받고, 버터도 무염의 sweet butter라야 고소한 맛을 제대로 느낄 수 있다. 재즈 음악도 느릿하고 달콤해서 녹아드는 맛이 있는 sweet jazz가 즉흥적이고 격정적인 hot jazz보다 은근한 매력이 있고, fresh milk가 맛있는 sweet milk인 법이다. 맛있다는 건 달다는 것이다. 다시 말해 최상의 식품은 달아야 한다. 이래서일까? 셰익스피어가 좋아한 형용사 중 하나가 'sweet'이었다.

영어 sweet을 우리말로는 '달다'라고 하고, 한자로는 '甘'이라고 한다. 내가 좋아하는 감주(甘酒)를 어린 시절엔 단술이라고 불렀다. 향육(香肉)은 단고기를 가리킨다. 또 단고기는 구육(狗肉, 개고기)의 맛진 표현이다. 여기에 사람이 개고기를 좋아할 수밖에 없는 일련의 인과관계가 드러난다. 개고기는 달다. 단고기는 향기로운 맛을 지녔다. 향기로움은 사람들의 마음을 유혹하는 치명적 아름다움이다.

'달 감(甘)'이라는 한자의 초기형인 갑골문을 보면 "'입 口' 안에 선을 하나 그어서 음식을 입에 물어 끼운 모양을 나타내어 혀에 얹어서 단맛을 맛본다"는 뜻을 나타내고 있다고 한다. 참외는 감과(甘瓜, 단 오이)인 고로

단맛을 선사해야 할 의무가 있다. 미역을 감곽(甘藿, 달 감, 콩잎 곽)이라 하는 것은 그 맛이 달착지근하다는 것을 말해준다. 이슬맛도 감로(甘露), 즉 단 이슬이니 고산(高山)이든 고산(孤山)이든 산간에 내리는 맑은 이슬은 단맛 감도는 참 이슬이다. 양배추는 우리 배추에 비해 달다. 그래서 양배추를 달콤한 콩잎의 이미지에 맞춰 감람(甘藍, 쪽풀 람)이라 부른다. 살지고 맛있는 고기는 감비(甘肥, 살찔 비)라고 한다. 때에 알맞게 내리는 비는 감우(甘雨)요, 고구마는 감저(甘藷, 달큰한 마) 또는 감서(甘薯, 사탕수수)라 부르고, 감천(甘泉)은 물맛이 좋은 샘이다. 물맛이 좋은 건 단맛 때문이다. 감식(甘食)은 맛있는 음식으로 미식(美食)의 또 다른 이름이다. 단맛 만세, 단맛 윈(win)이다.

앤 불린과 헨리 8세

천일의 앤은 아들 낳기를 소망하였다. 튜더왕조의 영국 왕 헨리 8세의 마음을 단숨에 사로잡아 그로 하여금 이혼을 금하는 가톨릭과 결별하고 영국만의 독자적 종교 Anglican Church(성공회)를 성립케 한 여인이 바로 시녀 앤 불린(Anne Boleyn)이다. 사실 헨리 8세에게는 앤 불린을 포함, 부인이 여섯 명이었다. 그녀가 스페인 출신 왕비 캐서린(Catherine of Aragon)을 대신해 헨리 8세의 새로운 왕비이자 부인이 되어 영욕의 삶을 산 기간(1533. 6. 1~1536. 5. 19)이 채 삼년이 안 되어 사람들은 그녀를 천일의 앤이라고 부른다. 바라는 아들을 낳지 못하고 딸을 출산하자 극도의 절망감에 그녀는 갓 태어난 딸을 죽이려 시도했다. 결국 남편인 헨리 8세는 그녀를 참수형에 처하도록 한다. 그 때 죽지 않고 살아난 딸이 오늘날의 위대한 영국을 있게 한 엘리자베스 1세다.

앤은 단 것을 무척 좋아했다고 한다. 당시 설탕은 수입품이라 귀하고 비쌌지만 왕비인 그녀에게는 문제가 될 일이 아니었다. 그녀가 단 것을 좋아했다고 해서 다이어트에 관심이 없다거나 그래서 뚱보가 되었을 것이라고 단정하는 건 물정 모르는 일이다. 그녀는 각별히 사슴고기(venison)를 좋아했다고 전한다. 헨리 8세가 구애를 하려고 할 때 너무 앞서가는 것이 못마땅해 앤이 왕의 러브 레터에 답도 안 하자, 왕이 사슴고기와 보석을 보내 마음을 풀게 했다고 하니, 그런 연유로 사슴고기는 그녀에게 있어 왕의 사랑 혹은 구애의 상징과 같은 의미를 지닌 것이었을 수 있다.

앤의 단 음식 사랑을 직접적으로 입증할 자료를 나는 갖고 있지 않다. 엘리자베스를 가졌을 때 앤이 조신(朝臣)들이 있는 자리에서 왕에게 사과가 먹고 싶어 죽겠다는 말을 했다고 해서 그녀가 사과를 특별히 좋아했다고도 말할 수 없다. 그건 아마 변덕스런 입덧의 영향이기 쉽기 때문이다. 그렇지만 왕실 연회 시 세 코스 식사에 포함된 음식을 통해 튜더 왕실이 어떤 음식을 선호했고 당과류는 어떤 것들을 먹었는지 알 수 있다. 그를 통해 앤의 음식 취향도 짐작할 수 있다. 앤과 헨리 8세가 처음 만났을 때 앤은 동료 시녀 몇 간과 함께 매우 달고 맛있는 ＜시녀들(Maids of Honour)＞이라는 이름의 타르트를 먹고 있었다. 그 모습에 헨리 8세의 시선이 꽂히고 앤은 불붙은 남자의 조급한 마음을 간파했다.

튜더 왕조의 연회 식탁에는 코스마다 여러 가지 음식이 제공되었다. 이를 테면, 제1코스에서는 삶은 고기가 제공되고, 두 번째 코스 때는 로스팅하거나 구운 고기 요리가 서빙되었다. 둘 다 메인 코스다. 세 번째 코스는 황홀한 단맛의 향연이다. 온갖 종류의 눈깔사탕은 물론 (초콜릿, 봉봉, 캔디, 캐러멜 같은) 사탕과자, 여기에 기가 막히게 단 과일 설탕 절임과 웨하스를 먹으며 중세 유럽인들이 좋아하던 히뽀크라스(Hippocras)라는 이름의 향료를 첨가한 와인을 마신다. 과일 파이와 달콤한 케이크도 있다. 왕과 귀족들은 와인을 마시고 상석에서 멀리 떨어져 앉은 인사들은 맥주의 일종인 에일(ale)이나 미이드(mead)라는 꿀술을 즐겼다. 이만하면 단맛에 푹 빠진 영국이다.

앤 불린은 물론 헨리 8세도 좋아했다는 〈시녀들〉이라는 이름의 타르트

그런데 역설적이게도 이렇게 성대한 식사가 1517년 5월 31일의 사치금지령(The Sumptuary Law)에 의거한 것이라니 그저 놀랍기만 하다. 그전에는 막무가내로 탐식을 했다는 얘긴데… 사치금지령은 신분에 따라 한끼당 테이블에 올릴 수 있는 요리 수를 제한했다. 추기경 9개, 공작과 후작, 백작, 주교 7개, 하위 귀족 6개, 연간 40~100파운드의 수입이 있는 신사 계층 3개 이런 식이다. 그렇다면 왕과 왕비는? 아마도 아래에서 보듯, 사슴고기를 메인 디시로 한 1차 식사로 10가지 요리를 먹고 나서 그래도 미흡한지 아님 물리지 않는 건지, 다시 차려진 일곱 가지 음식의 2차 식탁에서 열정적인 식욕을 충족시킨다. 이들은 크림을 친 타르트와 얼음 사탕과자 따위의 달콤한 디저트를 후식으로 즐기고 마지막으로 샐러드를 먹는 것으로 긴

여름날의 징한 식사를 마무리한다. 왕과 그 일가는 도대체 어떤 요리를 먹었을까?

_첫 번째 상차림

베스트팔리아(Westphalia, 독일어로는 Westfalen. 독일 북서부, 꼴로뉴 동북 지방)産 햄과 치킨

생선 비스크(Biysk, 진한 크림수프)

사슴 허벅지 살 구이

사슴 고기를 넣은 파이

가금류 구이

사슴 내장을 다져 넣은 파이

치킨 프리카세(fricassee: 닭고기, 송아지, 양고기 등을 잘게 썰어 버터에 살짝 구운 다음, 야채와 같이 끓여 white sauce와 함께 먹는 요리)

라드(lard, 고농도 식용기름)를 발라서 구운 칠면조 요리

플로렌스 식 아몬드 요리

최신 유행의 쇠고기 요리

사슴 고기를 굽고 파이로 만들고 내장까지 다져 먹고, 닭고기 또한 다양한 방식으로 조리해 먹고, 칠면조에 식용으로 기르는 다른 새고기도 먹고, 햄에 쇠고기, 입가심으로 고소한 아몬드까지 먹었으면 배가 터지지는 않아도 자리에서 일어나지도 못할 형편일 텐데, 매일 호화롭게 잘 먹는 사람들이 굶게 될까 걱정할 필요도 없는데, 이쯤에서 자리에서 일어나도 좋으련만. 무엇 때문에 다시 밥상 앞에 앉는 것인지. 마치 디저트 먹는 김에 왠지 서운하니까 맛보기로 살짝 한 입씩만 먹어보려는 심산처럼 보인다. 두 번 째 상 메뉴가 아래에 있다.

_두 번째 상차림

꿩과 자고새 요리(자고새(partridge)는 메추라기(quail)와 비슷한 새)

로스티드 랍스터(lobster, 바닷가재인 대하)

그릴드 파이크(pike, 창꼬치라는 물고기)

크림을 듬뿍 얹은 타르트(tart, 과일 파이)

얼음 사탕과자

송아지 내장 요리

샐러드

파이에 크림을 잔뜩 치고, 얼린 사탕을 먹고 나니 김이 모락모락 나는 송아지 내장 요리에 빨강, 노랑, 초록 등 싱싱하고 젊은 채소 샐러드가 잇따라 나온다. 이들에게 사는 건 즐거운 일이다. 이들에게 먹는 건 열락의 체험이다.

18

인생은 아름다워라

: 디저트의 축복

여행길의 보따리는 작을수록 좋다. 그러나 책 한권쯤은 여행가방 속에 넣고 가는 게 좋다. 구경해야지 책 읽을 시간 있겠느냐 라는 생각이 들겠지만, 여행 중에 반드시 심심할 때가 찾아온다. 아니면 책을 봐야지 어울릴 것 같은 순간이 있다. 누가 아는가? 영화 <Before Sunrise>의 주인공들처럼 비엔나행 열차에서 우연히 만나 평생 잊지 못할 아름다운 연애를 경험하게 될지. 결정적인 순간 책을 펴들고 꿀맛 같은 독서삼매경에 빠져 있는 것도 좋다(적어도 겉보기에는). 더 좋은 것은―누구도 전혀 신경 써주는 사람이 없다 싶을 때는―눈과 머리는 글에 맡기고, 손과 혀는 간식거리를 즐기는 것이다. 그것이 '꿀맛' 같다면 더할 나위 없다. '꿀맛 같다'라는 건 단맛이 맛 중의 맛, 최고의 맛이라는 것이다.

디저트나 간식으로 먹는 로꿈(lokum) 또는 라핫 로꿈(rahat lokum)이라는 이름의 터키시 딜라이트(Turkish delight)를 먹어본 사람들은 예상을 뛰어넘는 강한 단맛에 고개를 설레설레 젓는다. 전분과 설탕이 주성분인 이 과자가 달긴 달다. 머리가 아프다는 사람도 있다. 단맛의 강도가 다른 것이다.

"셰익스피어를 인도와도 바꾸지 않겠다." 『영웅과 영웅숭배, 영웅적 행동(*On Heroes, Hero-Worship, and the Heroic in History*)』(1841년)에 나오는 오만이 뚝뚝 묻어나는 토마스 칼라일(1795~1881년)의 이 말의 원래 맥락은 아래와 같다:

"만일 다른 나라 사람들이 우리 영국인을 보고 인도와 셰익스피어 가운데 어느 것을 포기하겠느냐고 묻는다면 어떻게 하겠습니까? … 우리는 이렇게 말해야 하지 않겠습니까? 인도야 있든 없든 상관없으나, 셰익스피어가 없다면 살 수 없다고 말입니다. 어쨌든 인도 제국은 언젠가는 잃게 될 것입니다. 그러나 셰익스피어는 결코 사라지지 않습니다. 그는 영원히 우리와 함께 있습니다. 우리는 셰익스피어를 포기할 수 없습니다."

물론 토마스 칼라일의 이런 말들은 인도나 인도인을 폄훼 내지 모욕하려는 것이 아니라, 다만 당시 대영제국의 식민지였던 인도가 지닌 경제적 가치보다 셰익스피어라는 인물이 제공하는 정신적 가치가 귀한 것임을 강조하기 위한 것이었다고 본다. 물론 설탕과 같은 단 음식을 많이 먹으면 당뇨, 고혈압, 고지혈증 등에 걸릴 확률이 높아진다고 한다. 그럼에도 불구하고, 단맛에 물든 사람들은 단 음식을 끊지 못한다. 그들은 내심 이런 신조로 하루하루를 살아간다. "이 세상을 다 준다 해도 나는 이 초콜릿 케이크를 포기할 수 없어."

어디 초콜릿 케이크뿐이랴? 이 세상에는 로꿈이나 초콜릿 말고도 달고 맛있는 것이 진짜 많다. 아이스크림, 티라미슈, 애플파이, 카스타드 등등 입안에서 살살 녹는 부드럽고 달콤하고 그래서 맛있는 것들이 많아도 너무 많다. 망고, 복숭아, 오렌지 같은 과일은 물론 피스타치오, 같은 견과류는 거의 모든 사람들의 입맛에 맞는다. 이렇게 달콤하고 맛있는 것을 남의 눈치 안 보고 격식에 맞춰 즐길 수 있는 것이 디저트 자리다. 영어 디저트(dessert)는 "테이블을 깨끗하게 치우다"라는 프랑스어(desservir)에서 그 기원을 찾는다.

서양식 식사의 마무리는 디저트다. 어떤 디저트를 어떻게 먹었느냐에 따라 그날 식사자리의 만족, 불만족이 결정된다. 일반적으로는 디저트 와인이나 샴페인을 마신다. 그럴 경우 식사 마무리가 잘된 것으로 평가한다. 품격 있는 식사였다고 스스로 위안을 삼을 수 있다는 의미에서다.

그러나 평범하지만 진짜 맛있는 식후 클래식 디저트는 커피다. 단, 아이스크림을 곁들여야 한다. 따라서 아무 식당이어서는 안 된다. 커피 특유의 관능미를 잘 살리는 커피를 내는 곳에서만 커피를 마실 줄 아는 분별력이 중요하다. 내린지 몇 시간이 지난 드립 커피는 기껏 맛있는 음식 먹고 즐거워진 마음을 망쳐놓기 쉽다. 카푸치노, 카페라테처럼 우유를 첨가한 커피 말고 에스프레소나 아메리카노처럼 오로지 커피 향과 맛만 나는 커피를 마시며 아이스크림(이 경우도 망고, 딸기, 레몬 따위의 과일향이 첨가된 것이나, 초콜릿 믹스 아이스크림은 사양한다)을 떠먹는다. 은은하고 고상한 바닐라 아이스크림이 커피와 함께 입안에서 녹아 목구멍을 타고 흘러내릴 때의 기분은 더없이 '원더풀!'이다.

한편 우리나라에는 디저트 문화가 애당초 없었다. 서양 문물이 들어오고, 이국의 음식을 맛볼 기회가 늘어나면서 자연스레 커피를 가까이 하게 되었다. 1960년대부터 식후 커피 한 잔이 교양이나 세련의 척도쯤으로 여겨지기도 했다. 그 결과 한국의 중년층 이상의 사람들 대부분은 이른바 달달한 다방 커피 애호가다. 중독되어 있다시피 부리나케 식후에 꼭 다방 커피를 찾는 사람들이 의외로 많다. 간편한 믹스 커피가 나오기 전에는 커피, 설탕, 크림의 혼합 비율이 2 대 3 대 2가 표준이었다. 그러나 개인의 입맛 내지 취향에 따라 얼마든지 다양한 버라이어티가 가능한 것이 다방 커피의 융통성이다.

우리가 무언가 맛있다고 할 때는 맛이 달다는 의미인데, 어떻게 해서 어째서, 왜 사람들은 단맛에 길들여졌을까? 많은 사람들이 단맛에 집착하는 이유는 무엇일까? 코카콜라는 특유의 톡 쏘는 맛 때문에 성공했다. 펩시가 후발주자로 대결 신청을 했지만 코카콜라를 이기지 못했다. 블라인드 테스트를 하면 펩시의 맛이 더 낫다는 결과가 나오기도 하는데 상업적으로 코카콜라의 매출이 앞선다. 설탕의 폐해, 건강에 해로운 설탕 얘기가 범람하니 슈가리스를 출시해 단맛에 길들여진 인류의 입맛의 비위를 맞춘다. 단 음식을 먹으면 몸의 긴장이 풀리고 마음이 편안해지는 걸 경험으로 아는 것이다.

물론 과유불급은 설탕 사랑에도 적용된다. 과다한 설탕의 복용은 당뇨병, 비만, 충치 같은 질환을 부른다. 그러나 입맛은 야속하다. 여전히 사람들은 설탕 곁을 떠나지 못한다. 설탕 사용량은 나라마다 차이가 있는데, 전 세계적으로 일인당 소모량이 가장 많은 나라는 인도다. 설탕의 원조국답다.

삶의 의욕을 불러일으키는
단맛의 즐거움, 터키시 딜라이트 로쿰

이란 이스파한의
명물 디저트 가즈

세상의 절반이라는 별명을 지닌 이란의 고도 이스파한. 이곳의 명물은 가즈(gaz)다. 이란에 가서 피스타치오가 들어 있는 가즈를 맛보지 않고 떠나온다면 이란 여행은 반쪽 여행이라고 해도 과언이 아니다. 갸즈는 견과류가 든 과자의 총칭인 누가(nougat)의 일종이다. 우리나라의 콩엿과 흡사한 이 간식거리는 이스파한이 고향인 안제빈(angebin)이라는 식물의 수액으로 만드는데 수액의 비율이 높을수록 더 순수한 갸즈가 만들어진다고 한다.

세상의 절반, 이스파한

이탈리아 젤라또, 프랑스 아이스크림이 맛있다는 데는 이견이 없다. 그러나 괴롭히기도 엄청 괴롭혔지만, 문화 전파의 측면에서 사라센 해적 혹은 침입자들로 기억되는 아랍 무슬림들의 시칠리아 섬 정복과 통치가 아니었다면 오늘날 유럽은 아이스크림이 무엇인지 알지도 맛보지도 못하고 평생을 살다 갔을 것이다. 동양 문명의 서양 진출의 교두보 역할을 한 시실리 섬의 아이스크림 맛은 감동 그 자체이며, 중동 특히 터키, 시리아, 이란의 아이스크림은 혼절할 만큼 그 맛이 충격적이다. 특히 이란의 바스타니(Bastani) 아이스크림은 다

시칠리아 섬 시라쿠사 두오모 광장

이란의 사프란 아이스크림

른 어느 곳에서도 찾을 수 없는, 그래서 맛보기를 포기하거나 무슨 수를 써서라도 가서 맛보아야 하는 최상의 아이스크림이다. 천국의 풍미를 제공하는 이 아이스크림의 주인공은 사프란(saffron)과 장미수다. 또한 입안에서 씹히는 피스타치오의 질감이 장난이 아니다. 한 마디로 바스타니 샤프란 아이스크림은 아이스크림이란 이런 것이다를 알려준다.

예수 사후 사도들은 로마제국 내의 비유대인들에게 복음을 전파한다. 특히 타르수스(Tarsus)의 바울의 손길에 의해 기독교는 세계종교가 되었다. 초창기 기독교도들은 주피터 숭배를 거부한다는 이유로, 왕왕 인육을 먹는다는 소문 때문에 박해를 받았다.

소문은 무섭다. 단순한 풍문이 아니라 집단적 광기가 실린 악의적 모함이라면 그건 살인보다 잔인하다. 중국인 한족(漢族) 사람들은 번족(蕃族, 티베트인)이 사람을 잡아먹는다는 소문을 사실로 믿었다. 그런데 사실은 번족이 인육을 먹은 것이 아니라 오히려 잡아먹혔다고 한다. 십전노인(十全老人)이란 별명으로 유명한 청나라 건륭제 때 금천(金川) 반란이 일어났을 때 농성을 한 한인들이 군량이 떨어지자 결국 포로로 잡은 번족 병사를 잡아먹은 것이다. 그리고는 부위별로 맛을 상세히 기록한 다음 중앙에 보고를 했다. 그 보고서에 의하면 음경이 물컹물컹하니 제일 맛이 없다고 한다.

호기심 때문이든, 보신을 위한 것이든 많은 남자들이 이상한 식품을 먹는다. 몸에 좋다면 억지로 구토를 참으면서도 사슴피를 마시고, 말로는 징그럽다 하면서도 입으로는 살아서 꿈틀대는 껍질 벗긴 뱀을 아작아작 씹고 있다. 그리고 독주를 마신다. 우낭(牛囊, 숫소의 고환)과 우신(牛腎, 수소의 생식기)도 남성들의 애호품목이다. 물개의 물건 해구신(海狗腎)을 찾는 사람도 많은 모양이다. 그런데 막상 맛은 없다고 한다.

맛없는 음식을 먹고 나서는 디저트로 입안을 씻어주어야 한다. 망친 입맛을 보상하는데 단맛 이상의 것이 없다. 물론 쓴 커피도 있으나 커피 맛이 끝내 쓰기만 한 것은 오히려 역효과다. 뒷맛이 달콤한 스페셜티 커피라야 역겹거나 느끼하거나 무슨 맛인지 알 수 없는 음식을 먹고 난 뒤 불만에 가득 찬 미각을 달랠 수 있다. 상처 입은 입맛에는 무엇보다 단맛이 필요하다. 단맛의 위안은 입에만 국한되지 않는다. 내키지 않은 음식을 먹었을 때 억지로 혹은 급하게 음식을 삼켜야 했을 때 우리의 소화기능은 자칫 응체되기 쉽고, 위장은 위액분비에 이상이 생겨 배탈 설사 심한 경우 토사곽란이라는 위중한 사태까지 발생한다.

일 년에 한 달 라마단을 맞이하는 무슬림들의 식욕은 또 한 차례 시련을 맞게 된다. 어떻게 한 달을 견디지? 라마단은 "더위와 건조함을 태우다/시들게 한다"는 뜻의 아랍어 어근 라미다(ramiḍa) 또는 아라마드(ar-ramaḍ)에서 비롯되었는데, 이슬람력으로 아홉 번째 달이다. 라마단 기간 동안 금식을 하는 이유는 알라신께서 무하마드에게 꾸란을 계시한 일을 기념하기 위해서다. 단식은 이슬람의 다섯 기둥 중의 하나로 치부된다. 무슬림이 실행해야 하는 다섯 가지 의무에는 단식을 포함 신앙고백, 기도, 적선 혹은 보시, 순례가 포함된다.

라마단 한 달 동안 수후르(Suhoor, before dawn)에서 이프타르(Iftar, after sunset)까지, 즉 해가 떠서 해가 질 때까지 알라와 선지자 무하마드와 이슬람을 믿는 형제자매들은 물 한 잔도 마셔서는 안 된다. 갈증도 허기도 그저 견뎌야 한다. 담배를 피워서도 안 되고 성행위도 금지된다. 라마단 기간 동안의 금식 - 사움(sawm)이라고 한다 -

에 대한 영적인 보상은 다른 때에 비해 몇 곱절이나 크다고 무슬림들은 믿는다. 그렇다 해도 하루 이틀도 아니고 한 달이나 금식을 한다는 건 여간 괴로운 일이 아니다. 견딜 수 있을까? 금식의 의무가 면제되는 사람들이 있다. 외국인 여행자, 어린이나 노약자, 질병이 있는 사람, 임신 중이거나 수유 중인 여성, 월경 중인 여성, 전쟁 중인 군인. 그러나 이들은 라마단이 끝나면 금식을 못한 일수를 채워야 한다, 반드시.

인간은 약았다. 해 뜨기 전 일어나 부지런히 배를 채운다. 낮 동안은 독실하게 신앙의 요구에 따른다. 점심 때쯤 배가 고프고 뭔가 먹고 싶은 생각이 간절하지만, 보는 눈도 있고, 어차피 혼자만 굶는 게 아니니까 꾹 참고 견딘다. 코란을 읽거나 기도를 하며 시간을 보낸다. 이윽고 해질녘, 이제 자유의 시간이다. 억압으로부터 해방이다. 맛있는 음식에 대한 억압된 욕구를 해소할 때가 되었다. 집까지 간다는 건 힘든 일이다. 이런 사실을 간파한 장사꾼의 머리와 음식 솜씨 좋은 사내들이 시장 공터, 사원 앞에 노변 식당을 열었다. 종일(이라고 해보았자 12시간 내외) 굶은 사람들이 퇴근길에 가족들을 불러내어 밥부터 먹기로 한다. 하릴없이 집안에만 갇혀 지낸 여성들도 무료하게 배고픔을 견디느라 휘청거릴 정도다. 양고기나 닭고기를 주문한다. 케밥은 진짜 맛있다. 그렇다고 허겁지겁 막 먹으면 탈이 난다. 물도 마시지 못한 위장에 제대로 씹지도 않고 삼킨 음식은 독과 다름없다. 그런 사고를 예방하려면 위장의 워밍업이 필요하다. 단 음식이 효과가 있다. 소화시킬 음식이 들어오길 기다리고 있던 위는 잔뜩 긴장되어 있다. 꿀에 재운 대추야자 열매부터 먹는 것으로 무슬림의 첫 식사(정확하게는 두 번째 식사)는 시작된다. 그래야 탈이 없다. 서두르지 않고 느리게 먹으면 아무 문제가 없다. 중동 지방, 아프리카 특히 지중해에 면한 이슬람 국가들은 이런 과정, 간헐적 단식과 흡사한 라마단 단식이 진행되는 과정 속에서 머리가 아플 만큼

달디 단 각종 디저트를 만들어 아무렇지도 않게 먹는다. 소아시아, 중동, 북아프리카 사람들보다 단 음식을 좋아하는 경우를 찾아보기 힘들다. 그래서일까? 결혼하고 수 삼년만 지나면 기다렸다는 듯이 여자들의 몸매에 변형이 찾아온다.

꽤 오래전 중앙아시아 탐사 길에 중앙아의 중심 우즈베키스탄의 수도 타시켄트에서 며느리 삼대가 한 집에 살고 있는 기묘한 인연을 목도한 적이 있다. 젊은 과부 며느리의 시어머니이자 또한 과부인 중년의 며느리, 그리고 그들의 시할머니요, 시어머니인 늙은 과부는 영락없이 뚱뚱했다. 지역 특산인 물 좋고 당도 높은 멜론을 후루룩 먹어치우는 모습을 보고는 뚱뚱할만하다고 생각했다. 날씬이 통통이 개의치 않고, 프랑스에 살거나 리비아에 살고 있거나 차도르든, 히잡이든, 부르카든 전통복식을 입은 이슬람 여성들은 대체로 달콤한 음식을 좋아한다. 수크나 바자르(둘 다 시장이라는 말로 전자는 이집트어, 후자는 돌궐어)의 유명 아이스크림 가게는 부끄럼 타는 젊은 이슬람 여성들로 문정성시를 이룬다. 이란의 수도 테헤란의 최신 백화점 한 구역에는 잘 볶은 견과류를 파는 곳이 있다. 견과류 상점의 주요 고객은 차도르 안에 청바지를 입고 날씬함을 과시하는가 하면 히잡 밖으로 슬쩍 블리치(bleach)한 노란 머리를 내보이며 유행 좇는 열혈녀의 용기를 보여주는 젊은 여성들. 이들이 좋아하는 견과류는 설탕 코팅을 한 땅콩과 피스타치오 등이다. 이렇듯 설탕의 마력에서 벗어나지 못한 사람들이 많을수록 디저트는 다양해진다.

세상에는 무수한 디저트가 있다. 따라서 맛있는 게 10가지만 있을 리 없다. 그렇지만 사람들은 무엇이고 제한하기를 즐긴다. 3대 미인, 3대 진미, 3대 홍차, 3대 미항, 3대 축제, 7대 불가사의, 10대 가수 등등. 이른바 10대 디저트는 보기만 해도 침샘을 자극한다. 이런 것을 한 자리에서 맛볼 수는 없다. 여행을 하다가 마침 언젠가 들었던 맛있는 디저트가 눈에 들어온다면 그 때는 망설이지 말고 미각의 호사를 즐길 일이다. 물론 아래에 소개하는 12가지 것들만이 디저트의 전부는 아니다(이는 스카이스캐너가 소개한 디저트들이다). 사람마다 맛에 대한 취향도 다르기 때문이다.

래밍턴 케이크(호주), 카놀리(이탈리아 시칠리아), 펑리수(대만 타이페이), 로쿰(터키), 바클라바(터키), 에그 타르트(홍콩, 마카오), 셰이브 아이스(하와이), 밀푀유(프랑스), 마카롱(프랑스), 망고 플룻(필리핀), 셈라(스웨덴), 사쿠(태국)

내 경우 이만큼 살고 여행을 다녔으면서도 아직까지 북유럽 사람들이 좋아한다는 셈라(semla)를 맛보지 못했다. 달콤하고 부드러운 것을 좋아하는 나는 마카롱은 한 입에 쏙 들어가는 크기에 비해서는 값이 비싸지만 그 맛에 반해 국내에서도 가끔 사 먹고, 파리에서도, 줄리엣의 고향이라는 이탈리아 베로나의 마카롱 전문 상점에서도 밥 대신 사 먹은 적이 있다. 그런데 슈크림 빵 비슷하게 생긴 셈라, 잘 구운 번의 속을 파고 그 자리에 고소한 아몬드 잼이나 달콤한 잼을 채운 보기만 해도 마른 침을 삼키게 되는 셈라를 몰랐다니. 물론 슈크림, 불어로는 슈알라끄렘므(Chou à la Crème) 또한 맛있다.

영화 <대부> 3편에는 시칠리아 섬의 주도인 팔레르모 오페라 극장에서 카놀리(cannoli)의 유혹을 이기지 못하고 오페라를 감상하며 독이 든 카놀리를 음미하다가 죽음의 길로 떠나는 마피아의 모습이 그려진다. 영화 스토리, 음악 다 훌륭하지만 나는 도대체 카놀리가 궁금해서 견딜 수 없었다. 언젠가는 저걸 먹고 말아야지. 어른스럽지 않은 욕구가 시칠리아 여행을 꿈꾸게 만들었다. 그리고 정말 맛있는 카놀리를 시라쿠사에서 맛보았다. 시라쿠사는 부력의 원리를 발견한 아르키메데스가 살던 곳이다. "에우레카(Eureka)!" 시라쿠사를 대표하는 성당 두

먹음직스러운 카놀리

오모 디 시라쿠라(Duomo de Siracusa)에 들어가 사는 일에 조급해 하지 말 것을 다짐하며 의젓한 걸음걸이로 성당을 나와 몇 걸음 걷지 않아 내 발은 급히 움직이기 시작했다. 오전 시간 막 만들어져 나온 멋진 모습의 카놀리가 수없이 눈앞에 펼쳐져있는 것이었다. 속을 채운 리코타 치즈 맛도 그렇지만 셸(shell, 과자껍질)의 바삭함과 고소함이 너무도 대단했다. "나 여기 며칠 더 있을 테니 먼저들 가라"는 농담이 빈말은 아니었다.

이제 셈라를 맛보는 것이 나의 꿈이 되었다. 그래서 셈라에 대해 공부를 한다. 그것이 미각에 기쁨을 주고 입술과 혀로 하여금 탄성을 지르게 하는 진미에 대한 예의라고 믿는다. 여행을 할 때 미리 알고 보는 것이 더 나은 것처럼, 모르고 먹는 것보다 알고 먹는 것이 더 좋다고 나는 생각한다. 물론 우연히 맛을 본 것이 뜻밖의 기쁨을 주기도 한다.

구미를 동하게 하는 다양한 형태의 아름다운 셈라들

셈라(semla)는 핀란드어로는 라스키아이스풀라(Lakiaispulla), 덴마크 동부 방언에서는 화스텔란(fastelann), 라트비아어로는 붸자 쿠카스(vēja kūkas), 에스토니아어로는 봐스틀락쿡켈(vastlakukkel)이라고 불리는 북구의 전통 스위트 롤이다. 재 또는 성회(聖灰)의 수요일

(Ash Wednesday)로부터 부활절 이브(Easter Eve)까지의 40일 간을 사순절(Lent)이라고 하는데, 기독교인들에게는 단식과 참회를 행하는 시기다. 이때 추운 지방인 북유럽 사람들이 이 달콤한 디저트를 즐겨 먹는다고 한다. 특히 재의 수요일 바로 전의 참회의 월요일(Shrove Monday)이나 화요일에 많이들 먹는 것으로 알려져 있다. 그래서 렌트 번(Lent buns), 즉 사순절 빵이라고도 한다. 뜨거운 우유를 담은 대접에 셈라를 담아 먹기도 하는데 이때는 헤트베그(*hetvägg*)라고 부른다. 추정컨대 40일간 단식과 참회를 해야 한다는 심리적 부담감에 맛있고 영양가 있는 셈라를 만들어 먹게 된 것으로 보인다. 그리고 앙트레가 아닌 디저트의 카테고리에 집어넣은 건 양심의 자극 때문일 것이다.

재미있는 것은 semla의 어원인데, 일단 이 단어는 독일어 Semmel의 차용어다. Semmel 또한 라틴어 *simila*에서 왔는데, '밀가루(flour)'를 가리킨다. 라틴어 *simila*는 또 '곡물(groats)'이라는 의미의 그리스어 *semidalis*를 차용한 것인데, 실제로는 입자가 아주 고운 밀가루나 세몰리나(semolina)라고 곡물을 빻은 뒤 체질을 한 후 남는 거친 밀가루를 가리키는 이름이었다.

19

맥주와 커피와 샴페인과 차
: 펍, 바, 카페, 차이하네

성실한 영국 남자들은 열심히 일한다. 낮에는. 그러나 저녁시간 펍(pub)에 모여 맥주잔을 앞에 놓고 열렬히 대화를 나눈다. 주제는 축구. 주말에는 축구장에 나가 산다. 한 주일이 이렇게 간다.

런던 시내 마블 아치(Marble Arch) 거리에 있는 <Cask & Craft>라는 펍에 갔던 적이 있다. 영국식으로 읽으면 <카~스크 앤 크라~프트>라고 하는 펍 안쪽 벽에 이런 글이 적혀 있었다.

> If one has not dined well,
> one cannot think well, love well, sleep well.
>
> -Virginia Woolf

잘 먹어야 생각도 제대로 하고 사랑도 잠도 잘 하고 잘 잘 수 있다는 이 말은 평이한 말이기는 하지만, 버지니아 울프가 <나만의 방>이라는 책에서 한 말이기에 한 번 더 되새기게 된다. 여행은 다

맥주가 맛있다는 런던 옥스퍼드 대학 근처의 펍 <Cask & Craft>

른 것을 보러 가는 것이다. 차이점 속에서 인간과 인간 삶의 보편성을 확인하는 것이기도 하다. 혼자 먹는 밥은 재미가 없다. 그래서 사람들은 밥집을 찾는다. 술집으로 향하기도 한다.

영국에서는 밥도 먹고 한 잔 할 생각이 나는 사람은 단골 펍을 찾는다. 그곳에서 친숙한 웨이트리스가 알아서 주문해주는 음식을 먹고, 평소 즐겨 마시는 맥주를 마시고, 옆 자리의 친구나 이웃과 일상을 얘기하고, 세상 걱정을 한다. 자신이 응원하는 축구팀의 경기가 있는 날은 펍 출석이 의무다.

이탈리아 남자들은 허세가 심해 보인다. 수다스럽고 길 가는 모르는 여자들에게도 추파를 던지고 휘파람을 분다. 그러나 그들은 겉보기와 달리 단순하다. 여자에게는 관심을 표하고 찬사를 들려주는 것이 여자를 기쁘게 하는 것이라고 생각한다. 이탈리아 남자들은 젊은이고 중년이고 각자의 고유한 멋을 중요시한다. 우리는 깻잎머리를 따라하고, 대통령이나 유명 여배우가 들고 다니는 가방이 불같이 팔리고, 그렇게 유행 따라 사는 몰개성의 멋 부리기를 하는데, 이탈리아 사람들에게 같은 건 있을 수 없다. 해질녘 거리를 걷다가 앞에서 걸어오는 세 명의 젊은이들을 보고 그들이 보이는 매력에 나는 한동안 넋을 잃었다. 남의 시선이 아니라 자신의 시선으로 자신을 치장한 사람의 당당한 멋. 그네들 각자의 자신만의 멋있음에 취한 걸음걸이는 결코 얄밉지 않았다. 이들은 바에 모여 변함없이 쾌활하게 대화를 나눈다. 여름에 어디로 여행을 떠날 것인지, 누구와 갈 것인지… 그들에게 인생은 마치 즐기기 위해 존재하는 것처럼 보인다. 축구철이 되면 대학가 인근의 바와 리스토란테(레스토랑의 이탈리아어)는 응원 열기로 시끌시끌하다. 그러나 과격함은 없다. 서로 좋아서 하는 일에 간섭이나 방해 같은 것은 어울리지 않기 때문이다.

내가 한 철 머문 볼로냐 구에라찌 거리와 산토 스테파노 거리가 교차하는 곳에 자리 잡은 <Bar 500>의 단골 고객 알베르토 반디니 영감님은 나이가 86세였는데 어찌나 활력이 넘치는지 바에 출입하는 모든 여자 손님들과 다 알고 지내는 것 같았다. 볼로냐 대학교에서 중세사와 음식 문화를 가르치는 마씨모 몬타나리 교수(Professor Massimo Montanari)도 단골 바가 있다. 학교 근처 산토 스테파노 성당 앞 광장 주변에 있는 여러 바 중 하나인데, 바 종업원들의 손님 대하는 태도가 친근하면서도 예의에 벗어나지 않는다. 서비스 태도가 몸에 밴 자연스러움에 고객을 응대하는 말투에 존중은 있을지언정 건성도 없고 부끄러움도 없었다. 손님에게 행하는 서비스에 대충은 없다. 이것이 이탈리아 바 문화를 돋보이게 하는 점이다. 아침나절 동네 바에 들러 브리오슈(brioche) 빵 하나에 에스프레소나 카푸치노 한 잔 후딱 마시고 씩씩하게 일터로 걸어가는 젊은 여성, 바 앞 길가에 마련해둔 테이블 의자에 앉아 함께 산책 나온 애완견 곁에 두고 신문을 읽으며 커피를 마시는 중년 여성, 이들에게도 바는 편안한 밥집이자 한가로운 시간 보낼 수 있는 동네 사랑방이다. 대학가에 있는 바는 귀가에는 관심 없는 젊은 지성들로 가득하다. 그들은 매일 밤 무슨 할 말이 그렇게 많은지 사람 다니는 인도까지 차지하고는 마주보고 서서 혹은 길바닥에 앉아서 밤늦도록 이야기 잔치를 벌인다. 그렇다고 술주정을 부리는 사람은 없다. 다만 시끄러울 뿐이다.

파리에는 카페가 있다. 같은 로만스어(Romance Languages) 계열이라서인가, 스페인 사람도 그렇고 이탈리아노도 마찬가지고, 파리지앵이나 파리지엔느도 말 빠르기가 막상막하다. 프랑스어는 모르는 사람이 들으면 '송송'거리다 끝나는 것 같다. 경험상 다 그런 건 아니지만, 카페에서 일하는 종업원이 북아프리카 이민자인 경우 영어로

의사소통이 잘 안 돼서 음식 주문에 어려움이 있기도 한다. 알제리나 튀니지, 모로코 등 프랑스와 지중해를 사이에 둔 나라는 오랜 세월 프랑스의 식민지배를 받았기 때문에 프랑스어는 잘 하지만 영어는 꽤 서툰 편이다. 프랑스는 아시아에서는 인도차이나 반도 국가들을 식민지화했고, 아프리카에서는 위에서 말한 북아프리카 국가 말고도 모리타니, 말리, 세네갈, 가나, 니제르, 차드, 가봉 등의 국가를 무참하게 착취하고 탄압했다. 국왕 레오폴 2세가 다스리는 벨기에도 그랬다. 피부색이 검다는 것이 비인간적 대접의 이유였다. 그럼에도 아프리카 흑인들이 프랑스 등 유럽국가에 많이 들어와 산다. 파리의 카페에서는 와인을 마시는 것이 좋다. 누군가에게 느긋하게 저녁 먹을 자리가 아니라면 스파클링 와인인 샹빠뉴(샴페인은 영어식 발음이다)를 마시며 약간의 기분 좋은 취기로 멋쟁이의 도시 파리에 와 있음을 느껴보라고 했더니 돌아오는 답변이 일품이었다. “그거 안 비싸요?” 파리의 카페는 철학자, 화가, 작가 등 프랑스의 지성인, 문화예술인들이 모여 진리와 아름다움, 슬픔과 허무, 실존과 본질을 논하던 공간이었다. 지금도 그럴 것이다. 내가 좋아하는 알베르 카뮈는 제2차 세계대전 후 장 폴 사르트르와 함께 생 제르망 거리에 있는 <카페 드 플로르>의 단골 고객이었다고 한다. 그곳을 가보고 싶었지만 유감스럽게도 나는 다른 일정 때문에 다음 기회로 미뤄야 했다. 여행에는 이렇듯 아쉬움이 존재한다. 또 그래야 다음 여행을 기약할 수 있다. 그래서 나는 <카페 드 플로르>에 대한 정보를 다시 확인한다.

랜드 마크인 <생 제르맹 데 프레> 교회 바로 근처에 자리한 <카페 드 플로르>는 19세기 말에 문을 연 이래 제2차 세계대전 전후로 수많은 문인과 사상가들의 왕성한 활동 무대가 되었다. 문화예술 카페로서 오랜 명성을 쌓아온 카페지만 현재는 관광 명소로 이름이 알려져 음료수 값은 비싸고 맛은 형편없다. 커피는 절대 시키지 말고 쇼콜라쇼나 한 잔 주문해 마시라.

커피하면 유럽, 차하면 동양으로 생각한다면 오산이다. 커피는 원산지가 중동의 예멘과 아프리카의 에티오피아이고, 차는 중국과 인도가 고향이다. 유럽이 애당초 제 것이라고 할 수 있는 것은 거의 없다. 그에 비해 동양은 서양에 결핍된 것들을 다 가지고 있었다. 서구의 오랜 결핍을 해결하기 위한 생존의 욕구를 진취성이라 포장하고 이 기질이 대항해시대를 가능하게 만들었다고 서구의 학자들은 말하고 싶어 한다. 틀렸다. 기독교가 지배하는 중세 유럽이 암흑 속에 있었을 때 동양에는 서방에 없는 것이, 그들이 필요로 하는 것이 모두 있었다. 서방세계의 동방으로의 항해는 물자 확보를 위한 것 그 이상도 이하도 아니었다. 원하는 것을 순순히 내어주지 않자 무력으로 남의 땅을 차지하고 약탈, 착취를 자행했다. 정의는 없다. 승자가 정의를 결정한다.

중국에서 시작된 차문화가 동쪽으로는 우리나라와 일본으로 전해지고, 서쪽으로는 천산산맥과 파미르를 넘어 중앙아시아 지역, 이란, 터키, 시리아 등을 거쳐 아프리카 이집트로, 서남방의 곤륜산맥과 히말라야를 넘어서는 티베트, 네팔, 인도를 지나 섬나라 스리랑카로, 남쪽으로는 인도차이나와 인도네시아까지 전파되었다.

인도인들은 차를 차이(chay)라고 한다. 향신료를 넣어서 만든 인도 차는 마살라 차이라고 하는데, 마살라(masala)는 스파이스(spice), 즉 양념, 향신료란 뜻이다. 나라 이름이 -스탄으로 끝나는 중앙아시아 국가들은 밀크티를 마신다. 터키도 그렇고 인도도 그렇고 저마다 차맛이 다르다. 물을 끓여 거기에 홍차를 넣고 알맞게 우린 다음 신선한 우유를 넣고 다시 끓이며 설탕을 넣어 만드는 밀크티 차이는 호텔이나 유명 레스토랑을 제외하고는 값이 그다지 비싸지 않다. 인도나 파키스탄 길거리 차이하네(찻집)에서 현지인들과 함께 마시는 밀크티 차이는 굉장히 맛있다. 한 잔 값은 불과 2~3루피(50~80원)

정도.

영국의 홍차문화는 제국주의 식민지 시절 제1차 영국-미얀마 전쟁(1824~1826년)을 통해 차의 산지인 인도 동북부의 아쌈 지방을 영국의 지배하에 두면서 시작되었다. 아쌈 지방의 소수민족인 징포족(Singhpo)으로부터 얻은 차나무 재배에 관한 정보를 바탕으로 히말라야 산기슭에 다원을 개발한 것이다. 차 재배는 쉽지 않다. 그러므로 당장 필요한 차는 중국으로부터 수입하였다. 중국이 적극 호응할 리 없다.

다원 개발이 여의치 않을 경우를 대비해 영국 동인도회사는 중국 무이산으로 몰래 사람을 보내 차나무 종자를 인도로 밀매하고자 했다. 밀명을 받은 스코틀랜드 식물학자이자 종자 사냥꾼인 로버트 포춘(1812~1880년)은 중국에 숨어들어가 차나무 표본을 채취 분석하고 1848년에는 2만 그루가 넘는 차 묘목을 훔쳐 인도로 들여온다. 물론 차 재배 기술과 법제(法製, 만들기)의 솜씨가 필요하니 차를 재배하고 가공할 수 있는 기술자들을 함께 데려온다. 이런 일련의 과정을 거쳐 오늘날 영국의 차문화가 형성되었다. 유럽이 아시아에 빚진 바가 많다.

기후가 다르고 음식이 다른데다 취향이 다르니 차의 원산지 중국 북방의 사람들은 루이차(綠茶)나 샹피엔차(香片茶: 花茶라고도 함) 혹은 반 발효차인 우롱차(烏龍茶)를 마시는 반면, 남방의 사람들은 오래전부터 완전 발효차인 보이차(普洱茶)를 즐겨 마셨다. 실크로드를 따라 걷던 상인들은 차이하네에 들려 찻물에 우유와 차를 넣고 끓인 뒤 설탕을 첨가하여 만든 특유의 달콤하고 부드러운 느낌의 밀크티를 마시며 피로를 풀었다. 무더운 여름날 이열치열로 마시는 밀크티는 처음에는 뜨겁다가 이내 시원해진다. 차이하네는 휴식의 공간이다.

한편 대중의 차와는 달리 저들만의 리그처럼 고급스럽고 세련된 방식으로 차를 향유한 사람들이 있다. 인도를 식민 통치하고 홍콩을 아시아의 런던으로 만든 영국인들이 호텔 같은 안전하고 쾌적한데다 분위기 좋은 장소에 모여 티 파티를 즐겼다. 저들 것이 아닌 차를 가져다 역시 저들 것이 아닌 도자기 차 그릇에 차를 내어 마시며 힘과 돈이 주는 권력과 여유를 만끽했다. 그런 식민지 문화의 흔적이 중국에 반환된 홍콩의 호텔 애프터눈 티타임으로 남아 호사가들은 물론 일반 관광객들도 애프터눈 티의 명소로 이름 난 호텔 로비에 앉아 이렇게 차 문화를 즐긴다.

세련된 디자인의 본차이나 찻잔과 홍차 빛깔의 앙상블. 은제 티포트의 아름다움. 도자기 접시에 담긴 먹음직스런 스콘과 장미향이 나는 로즈 페탈 잼. 이걸 맛볼 기대감에 사람은 미리 행복해 있기 마련이다.

대영제국이 식민지에 남긴 문화의 흔적, 애프터눈 티. 홍콩이나 상해 등의 유명 호텔에서는 오후 시간 다과를 곁들인 티타임을 품격 있는 문화상품으로 판매한다. 호사가들은 호텔 로비나 라운지에 앉아 이렇게 차 문화를 즐긴다.

20

헬로, 중국사람!

: 반점(飯店)이 호텔이면, 주점(酒店)은 뭐요?

중국에서 활약하는 한국인 가이드들이 중국 여행길의 한국인 관광객에게 가르쳐주는 중국말 중에 마치 우리나라 18번 욕설처럼 들리는 것이 있다. “식사하셨습니까?”가 중국어로 “취빤러마?”인데 이게 얼결에 들으면 욕 잘하는 한국인의 예사말 같기도 하다. 우리가 중국 여행을 한다면, 그 나라나 해당 지역의 역사, 문화, 자연 등에 보다 관심을 갖는 것이 당연하다. 그리고 가이드는 여행의 피로를 풀거나 낯선 사람들끼리의 패키지 투어의 특징인 서먹함이나 냉랭한 분위기를 타파하기 위해 우스개 소리를 할 수 있다. 그러나 가이드가 재미있다며 가르쳐주는 “취판러마?”를 알아서 그것도 우리나라 대표 욕과 비슷한 것으로 알아서 현지인에게 제대로 써먹을 기회가 과연 있을까? 차라리 “니 하오”, “셰셰”, “뜨이부치”, “짜이찌엔”과 몇 가지 더 의사소통에 필요하고 유익한 중국말을 가르쳐주고 배우는 게 낫다. “쩌거 두오소지엔?”, “따이꾸이”처럼 쇼핑에 필요한 말을 배워, “얼마입니까?”, “비싸네요”를 어눌하지만 중국말로 한다면 그런 작은 일들이 해외여행 중의 소소한 즐거움이자 보람이라고 할 수 있다.

중국 사람들이 사용하는 중국어와 한국인이 사용하는 중국어 표현이 다른 경우가 참 많다. 한국인에게 飯店(판띠엔)은 중식당이지만, 중국인에게는 호텔을 의미하는 말이다. 酒店(지우띠엔)도 호텔이다. 宾館(빙관) 역시 호텔이다. 중국인에게 식당은 餐廳(찬팅)이다. 좀 더 정확히 말하자면, 우리가 흔히 밖에서 볼 수 있는 중국의 일반 식당은 饭馆(팡관)이나 餐馆(창관)이라고 한다. 餐厅은 규모가 큰 고급 식당을 가리킨다. 食堂(시탕)과 饭堂(판탕)은 학교나 회사 등의 구내 식당을 말한다.

한국인과 중국인의 의식구조를 비교해볼 수 있는 재미있는 표현들이 많다. 중국인들은 우리가 호텔 프런트 데스크라고 하는 리셉션을 服务台(푸우타이), 항공기 승무원, 즉 스튜어디스는 空中小姐(꽁중샤오지에)라고 한다. 그럴듯하다. 우리가 원조(元祖)라고 하는 것을 중국에서는 正宗(쩽종)이라고 하며, 나이트클럽이나 디스코텍은 밤에 하는 총회(?)인 夜总会(예종휘)다.

결혼생활 몇 년 하면 한국의 아내들은 남편(男便)을 휴대전화에 '웬수'라고 저장하고, 애인(愛人)은 '자기(自己)'라고 한다든가. 중국여성들에게는 남편이 '丈夫(장푸)'요, 애인은 '情人(칭런)'이다. 과거에는 한중일 어느 나라에도 없던 밸런타인데이를 우리는 그대로 밸런타인데이라고 하고 중국에서는 情人節(칭런지에)라는 낭만적 어감의 표현을 만들어 쓴다. 우리의 호색한(好色漢, playboy)을 중국인들은 멋지게 花花公子(화화꽁쯔)라고 부른다. 같은 한자라 해도 한중일 세 나라의 발음과 용법이 다르고, 중국어는 성조가 있어 우리로서는 그걸 구별해 말하기가 쉽지 않다. 韓國을 우리는 한국으로 읽고, 중국인은 항궈, 일본인은 강고꾸라 하니 도대체 왜 이런 일이 생긴 걸까?

저가항공이 있듯, 저가 패키지 여행상품이 있다. 저가와 고가의 차이는 무엇보다 서비스 퀄리티에 있다. 어느 나라이건 초기의 관광은 위락여행(慰樂旅行, pleasure trip)의 성격이 강했다. 여행사에서 주선하는 포괄여행은 여행초보자에게 여러모로 편리했다. 모든 것을 여행자가 하나하나 직접 해결해야 하는 개별여행보다 패키지 투어는 일체의 경비를 포함하면서도 비용은 훨씬 저렴했다. 시간 절약과 안전 측면에서도 그룹여행은 선호할 만하다. 그럼에도 잠은 특급 호텔에서, 음식의 경우 아침은 투숙 호텔에서 한국식 뷔페로, 모든 일은 가이드가 풀 서비스(full service)로 알아서 다 하는 낮 관광을 정신없이 마치고 즐기는 저녁 역시 대체로 한국인이 운영하는 한인식당에서 삼겹살에 소주 한 잔 곁들이는 것으로 마무리한다. 이것이 여행사에서 주관하는 가이드 인솔여행의 대강이다. 기억에 남는 멋진 여행일지 여부는 사람마다 다르다.

문제는 여행객들의 가이드 의존도가 너무 높다는 것이다. 영어 한 마디 못해도, 중국과 중국어에 대해 전혀 아는 게 없어도, 일본어는 '쓰미마셍'과 '아리가또' 밖에 아는 게 없어도 가이드가 전혀 불편하지 않게 어디론가 데려가고, 때 되면 먹여주고, 해 지면 근사한 잠자리를 마련해준다. 대신 밤 시간에 가이드 없이 숙소 밖에 나가는 것은 금지사항이다. 비용과 수고의 측면에서 매력과 이점이 많은 것은 분명하지만, 닫힌 삶을 떠나 열린 세상으로 나가고자 하는 여행의 목적이나 동기에 비춰볼 때 이런 수동적이고 제한된 여행은 무엇보다 자유스럽지 못하다. 누군가 이끄는 손길이 있어 집밖으로 나가

아카시아 꽃 활짝 피어 하아얀 꽃 이파리 눈송이처럼 날리고 향긋한 꽃냄새가 실바람 타고 솔 솔 전해지는 동구 밖 과수원길 돌아

비행기 타고 먼 나라 여행 마치고 돌아오면 동구 밖 과수원길이 먼 옛날의 과수원길일까 아니면 역시 신토불이 내 고향이 좋은

것일까?

여행을 통해 우리의 식견이 넓어져야 한다. 우리는 그냥 떠나는 것이 아니라 더 나은 내가 되어서 다시 돌아오기 위해 일시 떠나는 것이다. 다른 곳, 다른 사람들, 다른 문화와의 접촉을 통해 다양성을 이해하고 독자성을 존중하고, 차이를 인정할 줄 아는 것 그것이 여행이 우리에게 주는 선물이다. 나와 생각이나 행동양식이 다르다고 상대를 비난하거나 무시하지 않고 다름에 익숙해지는 것 그것이 익숙하고 편안한 집 떠나 낯선 길에서 낯선 음식 먹고 불편한 잠자리를 감수하는 이유다. 결국 우리가 돈 들여 개고생 하는 것은 나를 내세우거나 고집을 부리는 경직된 존재에서 바람에 나부끼는 유연한 들풀 같은 존재로의 점진적 변신을 위함이다.

보기엔 별 것 아닌 것 같아도
별미로 손꼽히는 제비집 수프

상등품의 가격이 HK$ 6,240이라고
적혀 있는 제비집(白燕)

중국 요리는 기름에 튀긴 것이 많아 과식하거나 급히 먹다보면 자칫 탈나기 쉽다. 그래서 중국식당에서는 항상 차가 먼저 나온다. 급하면 화를 부른다. 느리게 차를 마시는 여유가 필요하다. 기왕이면 다담을 나누며 기쁜 마음으로. 늘 차를 마신 결과 중국에는 뚱보 여자가 거의 없다. 차는 지방을 분해하고, 몸속의 노폐물을 몸 밖으로 배출시키는 능력이 탁월하다. 또 차를 마시면 수인성 질병에 감염될 가능성이 희박하다. 유럽 사람들이 콜레라와 같은 수인성 질병에 취약했던 까닭은 마른 음식 위주의 식단에 있다. 여행 목적지 중국에 가서 차를 마시며 이런 정보를 얻고 차생활의 유익함을 알게 된다면 그 또한 여행이 가치 있다는 증거가 된다.

1990년대 말 나는 태국, 중국, 미얀마, 라오

스, 캄보디아 산간 오지에 사는 무국적의 소수민족의 언어와 풍속 습관에 관심이 컸었다. 어느 날 중국 서남부 변방 운남성의 성도인 쿤밍(昆明)의 골목집에서 2위안(元)짜리 아침밥을 먹은 적이 있다. 한－중 간 물가 차이를 고려한다 해도 한 끼 밥값 300원은 굉장히 싼 금액이다. 품질이 우리 쌀만은 못해도 쌀밥에 기름기 없이 담박한 채소 반찬 몇 가지를 맛있게 먹으며 그 동네 서민들의 삶을 다소라도 이해할 것 같았다. 여행의 즐거움 가운데 하나는 식도락이다. 맛있는, 이색적인 음식을 맛보고 싶은 여행자를 위해 도시마다 대표 음식이라는 게 있다.

쿤밍은 꿔처미셴(過橋米线)이라는 쌀국수로 유명하다. "다리를 건너온 쌀국수"라는 뜻이다. 결혼한 지 얼마 안 된 신부가 매일같이 일터로 나가는 남편이 겨울바람 부는 바깥에서 식은 음식을 먹는 게 마음에 걸렸다. 뜨겁고 기름진 닭고기 국물을 내어 뚝배기 그릇에 담아들고 다리 건너 남편이 일하는 곳을 찾아갔다. 그 자리에서 여전히 뜨거운 고기 국물에 국수를 말아 남편에게 내밀었다. 남편은 추운 날 아내의 사랑이 담긴 뜨끈한 쌀국수를 먹었다. 이 훈훈한 사랑 이야기가 담긴 국수 이름이 꿔처미셴이다.

중국 서남부 운남성의 성도
쿤밍(昆明)의 명물 쌀국수, '꿔처미셴'

중국은 사람도 많지만, 차도 많고, 자전거도 엄청나게 많다. 오랜 역사를 간직한 저력 있는 나라다. 한족 외에 55개 소수민족이 있어 문화의 다양성이 존재한다. 인구 억제를 위한 한 부부 한 자녀라는 당국의 정책에도 불구하고 아들 선호 사상이 남아있어서인지 첫 아이가 딸이면 벌금을 내거나 호적에 올리지 않는 방법으로 아들을 낳을 때까지 계속 출산을 했다. 현재 중국 인구가 13억 명이라지만 정확한 숫자는 정부도 모르고 하늘도 모른다. 후지(戶籍)에 오르지 못하고 그래서 신분증이 없고 학교 교육이나 의료 혜택을 못 받는 인구가 1억 명은 될 것이라는 견해도 있다. 사회주의 국가의 통제 정책이 나은 어두운 그늘이다. 그러다가 2015년 10월 29일 중국 공산당 제18기 중앙위원회 회의에서 "모든 부부에게 자녀를 두 명까지 낳을 수 있도록 허용한다"는 안을 승인했다. 시진핑 국가 주석이 이끄는 경제 사회 발전을 위한 5개년(2016~2020년) 계획안 중의 하나로, 마침내 1980년 마오쩌뚱이 주도한 인구통제 정책을 포기한 것이다.

중국인은 대륙적인 기질을 가졌다. 린위탕(林語堂, 1895~1976년) 선생은 『생활의 발견』에서 중국인에 대해 다음과 같이 말했다:

적어도 중국인은 사물을 철학적으로 생각하는 국민으로 유명하다. 이 말은, 중국인에게는 위대한 철학이 있고 또 몇 명의 대철학자가 있음을 나타내는 것이다. 한 국민이 소수의 철학자를 가졌다는 것은 그다지 놀라운 일이 아니지만, 사물을 철학적으로 생각한다는 것은 놀라운 일이다.

우리에게도 이런 자부심이 있을까? 린선생은 또 이렇게도 말했다.

나는 중국의 문학, 예술, 철학을 종합적으로 연구한 끝에 다음의 명료한 결론에 이를 수가 있었다. 즉 현인의 깨달음과 활기찬 인생의 즐거움을 존중하는 철학이야말로 중국의 문학과 예술과 철학을 일관하는 메시지이며 가르침이고, 또한 가장 끈기 있고 가장 이색적이며, 가장 집요한 중국 사상의 후렴(後斂)인 것이다.

즐겁고 활기찬 인생의 추구, 이것이 중국인이 지향하는 삶의 모습이고, 이것이 중국의 문학, 예술, 철학과 사상의 근간이라는 선생의 판단에 대해 나는 이의를 제기할 생각이 없다. 나는, 우리가, 소위 역경이라는 여러 부정적 요소에도 불구하고, 주어진 삶을 활기차고 즐겁게 살아야 한다는 데 공감한다. 인간 존재를 '(세상에) 내던져진 존재(a cast being)'로 보기만 해서는 실존으로서의 삶에 아무런 긍정적 결과를 얻지 못한다. 어차피 인생이란 빈손으로 왔다가 빈손으로 가는 여행이다.

나는 1980년대 중반 이후 한동안 문명의 뒤안길에서 살고 있는 소수민족들의 언어와 풍속에 관심을 갖고 산간오지를 돌아다녔다. 25개 소수민족이 살고 있는 중국 운남성은 주요 목적지였다. 거기서 만난 사람들은 식량도 부족하고 교육도 못 받고, 전기도 들어가지 않는 열악한 생존 조건 속에서도 욕심 없이 마음 가난했고, 낯선 손님에게 상냥한 미소를 보일만큼 여유롭고 친절했다. 나는 여행을 통해 자신이 더 행복할 수 있음을 자각하게 된다고 믿는다.

21

백만 뻥쟁이 마르코 폴로

:『동방견문록(東方見聞錄)』의 탄생

중국 베이징 시 중심에서 서남방으로 약 15km 떨어진 펑타이구를 흐르는 루거우허(盧溝河: 본래는 쌍간허(桑乾河), 현재는 융딩허(永定河))에 11개의 아치로 구성된 길이 266.5m, 너비 7.5m의 아름다운 석조 교각이 설치되어 있다. 이 다리는 그 자체의 아름다움도 그러하지만, 중국 사람들에게는 민족적 자존심을 일깨워주는 항일전쟁의 장소로 더 의미가 큰 곳이다. 1937년 7월 7일 역사적으로 루거우교 사변 혹은 7.7 사변이라 불리는 일본의 중국 침략 전쟁이 이곳에서 시작되었기 때문이다. 일찍이 13세기 말 이곳을 방문한 마르코 폴로의 『동방견문록』 제4장에 "온 세상 어디를 찾아봐도 이 다리에 필적하는 것이 없을 만큼 훌륭하다"라고 적혀 있기 때문에 로구교(盧溝橋, 루거우처우)라는 이 다리를 유럽에서는 마르코 폴로 다리(Marco Polo Bridge)라는 별칭으로 부르고 있다.

세계의 지붕 파미르고원의 동편, 중국 신장성 위구르자치구 최서단의 도시 카슈가르에서 멀지 않은 해발 3,200m 고원지대에 카라쿨이라는 이름의 호수가 있다. 이 일대에 서식하는 야생 면양(緬羊)

제노바 도리아-투르시 궁에 있는 마르코 폴로 모자이크화.

카라쿨(karakul)도 마르코 폴로에게 경의를 표하는 의미에서 오비스 폴리(Ovis Poli)라고 불린다.

필자보다 700년 앞서 1254년 이탈리아 베네치아에서 태어나 1324년 70세를 일기로 세상을 뜬 마르코 폴로는 아버지, 삼촌과 함께 페르시아와 중앙아시아를 경유해 중국에 가서(1271~1275년) 쿠빌라이 칸의 궁정에서 체류하다가 후일 수마트라, 인도, 페르시아를 거쳐 다시 고향에 돌아온(1292~1295년) 역사적 인물이다. 귀국 후 제노바와의 전쟁에 참가했다가 포로가 되어 감옥 생활을 하던 중 자신의 여정과 경험을 구술하고 이를 동료 수감자인 루스티켈로가 기록하여 『세계의 기술』이라는 동방세계에 대한 여행기가 탄생한다. 이 책을 일본어로 번역하며 '동방견문록'이라는 제목을 부친 이후 우리나라에서도 『동방견문록』이라는 이름으로 출간되고 있다.

고난에 가득 찬 동방세계로의 여행기를 읽고 1492년 황금을 찾아 구만리 인도로의 탐험여행을 시도한 인물이 콜럼버스(Christopher Columbus, 1451~1506년)다. 콜럼버스 역시 이탈리아인으로 제노아(Genoa) 출신이다. 제노바를 제노아라고도 한다. 오랜 항해 계획 끝에 마침내 스페인 아라곤의 왕 페르디난드 2세와 카스티유의 이사벨라 여왕의 후원으로 콜럼버스는 장도에 올라 신대륙을 발견하게 된다. 콜럼버스가 대서양 억센 파도를 가르며 역사적인 항해 길

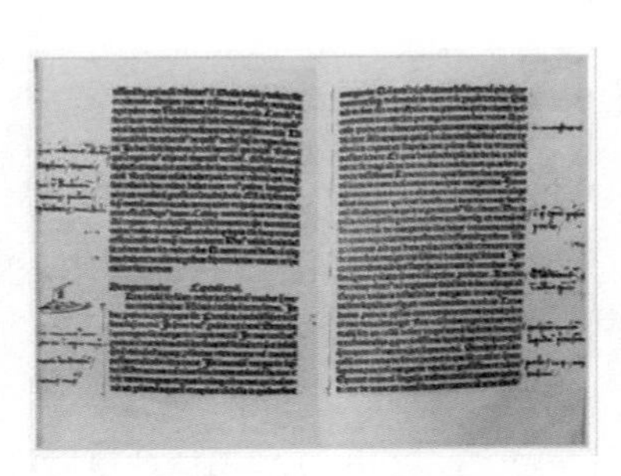

라틴어판 마르코 폴로의 『동방견문록』 콜럼버스가 써넣은 노트가 보인다.

에 오른 1492년은 부부가 된 두 기독교 군주가 이베리아 반도에서 마지막 무슬림 왕국인 그라나다(Granada)를 정복한 해였다. 15세기 중반부터 시작되어 중세의 종말을 알리는 역할을 한 대항해시대는 마르코 폴로의 여행기에 빚진 바 크다.

나는 베네치아에 몇 차례 다녀왔다. 그러나 공항 이름에 마르코 폴로를 갖다 붙인 외에는 마르코 폴로의 흔적이 어디에도 없었다. 왜일까? 그가 베네치아에서 무역상의 아들로 태어났다는 건 거짓이었던가? 결론부터 말하면 마르코의 고향은 오늘날의 베네치아가 아니다. 당시 베네치아의 지배 영역에는 아드리아해 맞은 편 달마시안 해안지대가 포함되어 있었다. 발칸 반도 판노니아 평원의 교차점에 자리 잡고 있는 현재의 크로아티아 공화국의 영토에 속하는 코르출라 섬 동부 연안에 위치한 동명의 소도시가 바로 마르코 폴로의 고향이다. 크로티아인들이 현재의 크로아티아에 온 것은 7세기 초다. 그들은 크로아티아 공국과 판노니아 공국을 세웠다. 그러나 1000년경부터 베네치아 공화국이 아드리아 해 연안의 실력자가 되면서 자연스레 크로아티아가 베네치아의 지배하에 들어간다.

아드리아해에 면해 있는 크로아티아의 코르출라 섬. 여기가 마르코 폴로의 고향이다.

2001년 현재 코르출라 섬 전체의 인구는 16,182명이며, 동명의 작은 도시 코르출라에는 5,889명이 살고 있다. 이곳 주민들 대다수(96.77%)는 크로아트족(Croats)이다. 기원전 6세기 오늘날의 코르푸(Corfu)에 해당하는 그리스 코르쿠라(Corcyra) 출신의 그리스인들이 아름다운 이 섬에 이주해 와 멜라이나 코르쿠라(Melaina Korkyra: 'Black Corfu'라는 의미)라는 이름의 작은 식민지를 건설하고 정착해 살기 시작하면서 떠나온 고향 이름을 본 따 지은 지명이 코르출라다.

12세기에 이르러 코르출라는 베네치아의 귀족 페포네 조르지(Pepone Zorzi)에 의해 정복당하면서 베네치아 공화국에 병합되었다. 그리고 1298년 코르출라 전투(Battle of Korčula)에서 경쟁 상대인 제노바가 베네치아를 패퇴시켰다. 코르출라 해안에서 벌어진 해상 전투에서 갤리선의 선장을 맡았던 마르크 폴로는 전투에 패한 후 포로로 잡혀 제노바 감옥에 갇히고, 거기 있는 동안 여행기를 썼다.

도시와 도시는 걸핏하면 싸웠다. 1298년 9월 9일 제노바와 베네치아 함대 간에 벌어진 코르출라 해전은 13~14세기 피사, 제노바, 베네치아 간 지중해와 레반트 무역을 둘러싸고 벌어진 일련의 전쟁 중 하나다. 이 전투에서 베네치아 해군을 이끈 인물은 지오반니 단돌로(Giovanni Dandolo) 총독의 아들 안드레아 단돌로(Andrea Dandolo), 제노바의 우두머리는 람바 도리아(Lamba Doria) 제독이었다. 양군의 함대 수는 거의 같았지만 도리아 제독이 뛰어난 전술로 적인 베네치아 함대에 철저한 패배를 안겼다. 그 결과 베네치아의 함선 95척 중 89척이 파괴되고 단돌로 제독을 포함한 7,000명의 베네치아 병사, 선원, 노잡이가 전사했다. 포로는 7,400명에 달했다. 흥미로운 사실은 포로로 잡혀간 사람들 대다수가 몸값을 지불하고 석방되었는데, 마르코 폴로는 꽤 오랜 시간(약 18개월)을 제노바의 감옥에 갇혀있었다는 것이다. 아이러니하게도 그 덕분에 거기서 피사 출신의 루스티켈로라는 남자를 만나 베네치아를 떠나 원나라 궁정에서 쿠빌라이 황제와 함께 보낸 17년간의 세월을 포함한 총 24년 동안의 사정을 구술하고 루스티켈로가 기록함으로써 『동방견문록』이라는 위대한 저술이 탄생하게 된 것이다.

폴로 가문은 코르출라에서 상당히 존경받는 가문이었다. 집안사람들 중에는 선박건조인, 세공업자, 석공, 무역업자, 승려, 공증인 등이 있었다. 마르코의 부친과 삼촌(니콜라와 마테)은 코르출라에 무역소를 차렸다. 더하여 크리미아의 수닥에도 무역소를 냈다. 콘스탄티노플에는 무역소 본점을 두었다.

마르코 폴로의 여행기는 출간 직후부터 현대에 이르기까지 그 진위에 대한 비판에서 자유롭지 못하다. 어느 면에서 『東方見聞錄』은 여행한 지역의 방위와 거리, 주민의 언어, 종교, 산물, 동물과 식물 등을 하나씩 기록한 탐사 보고서의 성격을 갖고 있다. 하지만 내용의 진정성에 대한 비판이 끊이지 않고 이어지고 있다. 예를 들면, 중국의 문화인 한자(漢字), 차(茶)에 대한 언급도, 중화인민공화국이 건국된 후에야 폐지된 뿌리 깊은 인습인 전족(纏足)에 대한 비평도 없다. 또한 칼리프가 바그다드의 그리스도인을 학살하려고 했다면서 이슬람이 마치 다른 종교를 탄압한 종교인 양 헐뜯고 있는데, 실제 역사 속의 이슬람은 인두세만 낸다면 종교의 자유를 허용했다.

여행기는 자신의 눈으로 본 다른 세상을 보여준다. 독자는 그것을 읽고 여행을 꿈꾼다. 이 책은 일반 여행서와 성격이 다르다. 여행을 통해 만나게 되는 다양한 문화에 대해 기술하려고 했기 때문이다. 과연 어떤 독자의 마음을 움직일 것인지 궁금하다.

22

야만과 문명 사이

: 너희들이 개맛을 알아?

오늘날과 같은 음식문화가 발달하기 이전에는 미식이나 탐식을 논할 수 없는 단지 생존을 위한 원시적 섭생이 있었다. 비록 안정적 식량 확보가 담보되지 않는 생활조건에서 초근목피로 연명하는 경우가 흔했지만, 크게는 정주 집단과 유목 집단 간 섭생 방식의 차이를 보인다. 전자가 조리에 물과 불을 사용한 반면 후자는 생식 중심이었다. 여분의 식량을 보존하기 위해 전자는 염장법을 택하고 후자는 자연 건조법에 의존했다. 4세기 로마의 군인이자 역사가 암미아누스 마리켈리누스(Ammianus Marcellinus)가 로마 제국 말기의 역사를 378년까지 기록했다. 그의 책 속에 당시 무시무시한 유목민 훈족의 생활상과 전투 방식이 기록되어 있는데, 식생활에 대해서 암미아누스는 이렇게 묘사했다:

이들의 생활은 한마디로 야만인의 삶이다. 음식은 익히지 않고 맛을 내지도 않는다. 나무뿌리와 고기 조각을 말안장에 넣어두고 먹으며 일 년 내내 떠돌아다닌다. 어려서부터 추위, 배고픔, 갈증을 견디며 자란다.

몽골 유목민들은 말을 달리면서도 활을 쏘아 목표물을 맞추는 명궁이다. 길 없는 초원에서 1km 전방의 길을 찾을 정도의 시력을 가진 매의 눈을 가진 용사들이다. 이들은 수테차라는 차를 마신다. 결혼을 앞 둔 몽골 처녀는 어머니로부터 수테차 끓이는 법을 배운다. 그렇지 못해 차를 제대로 끓이지 못할 경우 시어미로부터 핍박을 받는다. 교육을 제대로 받지 못했다는 이유에서다.

고산지대에 살면서 목축 위주의 생활을 하는 네팔, 티베트 사람들은 버터차를 마신다. 7세기 송첸감포 왕이 다스리던 티베트 왕국은 강성했다. 왕은 네팔 공주를 정비로 맞은데 이어 당 태종의 딸 문성공주를 차비로 맞아들인다. 이로 인해 중국의 차와 차문화가 티베트에 전래된다. 그리고 차마고도(茶馬古道) 상에 호시(互市)가 열리고 두 나라 사이에 교역이 이뤄진다. 티베트인들은 말을 주고 차를 구했다. 중국은 사천성과 운남성에서 생산되는 차를 주고 전투에 필요한 우수한 말을 확보했다. 그러면서도 티베트인 등 유목민들을 야만인 취급을 했다.

육식 위주의 식사를 하다 보니 몽골인들은 호박, 오이, 고추, 상추, 김치 등을 먹는 사람들이 이상해 보인다. “저런 걸 왜 먹지? 맛있고 기름지고 영양가 많은 양고기를 먹지 않고 땅에서 나는 채소를 먹다니 참 야만이다”라고 그들은 생각한다. 사람은 자기는 정상이고 자기와 다르면 비정상으로 보는 경향이 있다. 그건 몽골인이나 고대로마시민이나 다를 바 없다. 야만인이라는 의미의 영어 단어가 고대 희랍어 ‘barbaros’에서 비롯되었는데, 이 말의 원뜻은 ‘희랍어를 모르는’으로 자신들의 위험한 적 페르시아 인들을 가리켜 사용한 말이다. 역으로 자신들은 페르시아어를 아는가? 당연히 그렇지 않다.

마찬가지로 문화에 대한 이해가 부족하면 다른 낯선 사람들의 삶의 방식이 거슬리거나 마음에 들지 않는다. 우리나라 사람들이 개고기를 즐긴다고 프랑스 여배우 브리짓 바르도와 그녀의 추종자들이 한국인을 잔인한 야만 집단으로 몰아 부친 것 아닌가? 그네들은 베트남 등 인도차이나 국가들을 식민지로 삼고 현지인들을 종으로 부렸다. 베트남 사람들이 개고기를 즐겨 먹는다는 것을 보고 알았을 것이다. 개고기 수육과 탕, 찜은 물론 숯불에 구운 꼬치구이까지 개고기 요리법에 무려 11가지에 달한다. 남의 땅을 강탈하고 지배자로서의 온갖 위세를 부리면서 피지배 아시아인을 경멸했을 것이다. 오만은 독선과 자기애를 낳는다. 베트남 사람들의 개고기 사랑을 무식하고 불쌍한 식민지 백성들의 천박한 풍습으로 치부하는 것으로 저들의 아량 있음을 스스로 흡족해 했을 것이다. 프랑스인들은 혐오식품 개고기를 안 먹는 대신 달팽이와 굼벵이 요리는 우아하게 먹는다. "나는 괜찮고 너는 안 된다"의 전형적인 표본이다.

한국인은 왜 개고기를 먹을까? 못마땅해 하고 오해하기보다는 이해하려는 태도로 어떤 현상을 바라보아야 한다. 한국인의 개고기 문화는 사회경제사적인 측면에서 이해해야 한다. 인도인이 소고기를 먹지 않고, 무슬림이 돼지고기를 먹지 않는 것과 같은 맥락에서 한국인의 보신탕 문화를 바라보아야 한다. 여행자가 취할 태도는 어차피 다를 수밖에 없는 음식문화나 특이한 문화에 대해 경악하거나 비웃는 대신 근저의 까닭을 알려고 하는 이해심이다. 사실 개고기는 중국 황제들이 향육(香肉)이라는 이름으로 즐겨 먹던 요리다.

"백문이 불여일견"이다. 독서는 간접경험을 통해 삶을 풍요롭게 할 기회를 제공한다. 그러므로 독서의 계절은 가을만이 아니다. 하루라도 빨리 좋은 책을 읽음으로써 세상 뜨기 전 아름다운 인생을 체험할 수 있다면, 꼭 직접 여행만이 아니라 독서라는 간접 여행을

칼릴 지브란이 직접 그린 초상화.

지브란의 대표작
『예언자』(1923년 판)

언제라도 떠날 수 있다. 그 여행길은 혼자 떠나도 안전하고, 혼자일수록 좋다. 칼릴 지브란의 『예언자』를 읽은 뒤 지브란의 고향 레바논 부샤리(Bsharri) 마을을 찾아보고(장담컨대 경탄을 금치 못할 만큼 아름다운 곳이다), 가브리엘 가르시아 마르케스의 소설 『내 슬픈 창녀들의 추억』을 읽으며 조만간 마르케스의 나라 콜롬비아를 찾아갈 꿈을 꿔도 좋다. 그 나라 이름은 이탈리아 제노바 출신의 크리스토퍼 콜럼버스의 이름에서 따왔다.

칼릴 지브란의 고향 마을 브샤리 가는 길의 계곡과 산기슭의 마을 풍경

23

기독교의 선물

: 금식과 물고기와 소금

기독교인들에게 와인은 예수의 성혈을 상징하는 술이다. 예수께서 아끼는 열두 제자와의 마지막 식사 자리에서 와인 잔을 들어 자신의 피와 동일시했기에 와인은 사실 엄숙하게 마셔야 맞다. 나는 세계 곳곳에서 목격한 다양한 ＜최후의 만찬(The Last Supper)＞ 그림들을 살피면서 만찬 식탁에 오른 정체불명의 짐승요리가 무엇인지 궁금했다. 또 예수 옆자리를 차지하고 앉은 젊은 여성 혹은 남성이 누구인지도 무척 궁금했다. 사실 ＜최후의 만찬＞을 그린 화가들은 일일이 숫자를 헤아릴 수 없을 만큼 많다.

그 중의 한 사람인 도메니코 기를란다요(Domenico Ghirlandaio, 1449~1494년)라는 르네상스 화가의 ＜최후의 만찬＞(1480년)은 여러 가지 생각을 불러일으킨다. 그의 그림에서 허리를 곧추 세우고 허벅지에 손을 얹은 채 도전적인 자세로 앉아 있는 유다 맞은편 예수 곁의 젊은 사도 요한은 예수의 가슴에 기대어 잠들어 있다. 이 그림의 숨은 이야기는 뭘까? 다른 사도들은 먹는 것에 별 관심이 없어 보인

상트 페테르부르그 이삭 성당의 〈최후의 만찬〉 피렌체 성 마르코 성당에 그려져 있는 도메니코 기를란다요의 〈최후의 만찬〉

다. 예기치 않은 사태가 초래된 문제의 책임 소재를 따지는 듯도 보이고 예수가 요한을 지나치게 가까이 하는 데 대한 불만을 토로하는 듯도 싶다.

식욕은 근본적인 본능이다. 본능을 억제하는 일은 힘들고 부자연스럽다. 그러나 그를 통한 회개와 참회는 신이 보기에 참으로 어여쁘고 착한 일로서 주에 대한 깊은 신앙심의 증좌 역할을 한다. 그래서 사람들은 하루를 금식한다. 중요한 건 단식이 아니라 금식이라는 점이다. 단식은 고통스러우나 금식은 견딜 만하다. 여기서의 금식이란 생으로 굶는 것이 아니라 평소 맛있게 먹던 음식을 일시 금하는 것이다. 예수의 죽음을 떠올리게 할 뿐더러 핏물이 흐르는 육류는 맛있기는 하나 어쩐지 께름칙하다. 그러므로 특별한 제일이나 축일에는 본능을 억제하고 맛있는 음식을 피하는 것이 바람직한 일인 것 같다. 그렇다고 안 먹자니 허전하다.

마침내 사람들은 대체 음식을 찾아냈다. 예수를 십자가에 못 박혀 돌아가시게 한 죄인들은 살해의 이미지를 지니는 고기 대신 물고기를 먹음으로써 주 예수와 하나 되는 기쁨을 누리고, 비로소 신앙인의 의무를 다 한 듯 느낀다. 속죄의 날, 사람들은 이렇게 속죄하고 마음의 안식을 얻는다. 서양인들이 채식을 한다면서 물고기 먹는 걸 아무렇지도 않게 생각하는 건 이런 배경이 있어서다.

그런데 먹기 위해 사는 대부분의 사람들에게 금식일이 어쩌다 있는 것도 아니고 하루건너 꼴로 금식일을 맞이해야 한다면 어떤 일이 생길까? 유럽에서는 중세를 거쳐 근세로 넘어오면서 금식일이 계속 늘어나 일 년의 절반이 넘는 200일 이상이 되었다. 육고기는 먹을 수 없었고 사람들은 물고기에 관심을 기울였다. 씹는 즐거움을 포기할 수 없어서다. 금식은 자발적 선택이 아니라 타율에 의한 불가피한 일이었고, 하지 말아야 할 것은 더 하고 싶고 할 것은 하기 싫은 인간의 원초적 본능은 끝끝내 씹고자 했다. 송곳니와 어금니가 있는 인간은 씹어야 마땅하다는 논리를 내세웠다.

물고기 섭취는 양자의 타협이었다. 교회의 입장은 육고기만 아니면 되었다. 속인에게는 육고기만은 못하지만 물고기 살을 씹는 재미가 있었다. 금식일에 육류 섭취를 금한 것이 인간의 욕망을 저지하기는커녕 오히려 먹는 일, 씹고 뜯는 재미에 더 몰입하게 만들었다. 잠든 욕망을 일으켜 세웠다. 금지함으로써 오히려 더 하고 싶게 만들고, 그래서 결국 물고기 요리를 발전시켰다. 그 결과 강에서 잡는 민물고기만으로는 생선 수요를 충당할 수 없었다.

문제가 있으면 해결책이 있게 마련이다. 유럽인들은 위험을 무릅쓰고 바다로 눈을 돌렸다. 연안조업을 벗어나 원양어업에 뛰어들었다. 산업구조가 바뀌고, 가난했던 식탁은 물고기의 등장으로 아름다워졌다. 뜻하지 않게 물고기가 어제의 빈국을 오늘의 부국으로 만들었다. 음식혁명의 싹이 트기 시작했다. 돈벌이가 되는 생선을 장기보관하기 위해 고안해 낸 염장법이 바로 그것이다. 한때 네덜란드는 인구 전체의 1/5이 청어잡이에 종사했다. 북해는 물 반 청어 반의 보고였다. 청어는 주요한 교역품이 되었다. 청어 무역의 중심지 스헤베닝겐(Schveningen)에서는 청어잡이 철이 되면 축제를 연다. 염장청어는 이곳의 특산 별미로 나무통에 담아 소금을 쳐서 숙성시킨 것인데 이 동네 사람들에게 세상에서 가장 맛있고 그래서 제일 좋아하는 음식이 되었다.

세월이 지나며 사람들은 색다른 맛을 추구했다. 화이트 와인, 식초, 각종 야채, 소금 등을 함께 넣고 끓인 소스에 머리를 자르고 내장을 제거한 청어를 재운다. 일주일 정도 묵힌 뒤 양파, 피클 등과 함께 곁들여 먹으면 눈물샘을 자극하고 톡-하고 코를 찌르는 청어의 삭은 맛이 사람을 흥분시킨다고 한다. 얇게 썰어 야채와 함께 샐러드로 먹기도 하고, 샌드위치처럼 빵 사이에 청어를 끼워 넣어 먹기도 한다.

지독한 건 인간의 식성이다. 후각은 역겨운 냄새를 감지하고 뇌에 신호를 보낸다. 거부하라고. 혐오스런 냄새의 원천을 몸에 들이지 말라고 얼굴 근육을 빌려 오만상을 쓴다. 스칸디나비아를 찾은 이방인 한국인은 생소한 악취만으로도 질식할 만하다. 이 고약한 물건이 뭐지? 스웨덴 사람들은 여성은 물론 아이들조차 입맛을 다신다. 천국의 맛을 포기하다니… 이들의 후각과 미각은 오랜 시간에 걸쳐 발효청어에 길들여졌다. 발트해에서 잡은 청어에 소금을 쳐 약 두 달 간 발효시킨 염장 청어 수르스트뢰밍(surströmming)에 대해 스웨덴 사람들은 물론 이웃나라 덴마크 주민들도 찬사를 아끼지 않는다. 그러기까지 얼마나 입안을 헹구고, 눈물을 쏟았을까?

네덜란드는 5월부터 6월까지가 청어의 계절이라 해안은 청어잡이 배들로 가득 찬다. 5월에 처음으로 잡은 청어는 군주에게 바치는

'깃발의 날(Flag Day)' 스헤베닝겐(Scheveningen) 거리의 모습. 사진 속의 남자가 염장청어를 통째로 입안에 집어넣고 있다.

관습이 있었다. 이때가 되면 많은 지역에서 청어 축제가 열리는데 그 중 스헤베닝겐(Scheveningen)에서 열리는 청어축제가 가장 유명하다. 청어를 처음으로 수확하는 ＜깃발의 날(Vlaggetjesdag)＞을 기념해 청어 경매를 열며 사람들은 고통스런 맛의 염장 청어를 마음껏 즐긴다.

맛이란 익숙해지는 데 있다. 우리나라 전라도 해안지방의 특산 홍어삼합이 남들에게는 고통스런 맛이지만, 상당수의 한국인에게는 최고의 맛이다. 청국장은 또 어떤가? 톡 쏘는 그 냄새에 익숙하지 않은 이들은 곁에 있는 것조차 부담스러워 담배 한 대를 핑계 삼아 슬그머니 바깥바람을 쐬러나가는데, 이 땅의 백성은 늘 그리운 고향 냄새 솔솔 풍기는 청국장 뚝배기가 보글보글 끓을 때부터 군침을 흘리고 코를 벌름거린다. 맛이란 이런 것이지 싶다. 맛있는 사람에게는 맛있고, 맛없는 사람에게는 맛없고. 익숙해지면 맛있고, 처음 대하면 맛이 없거나 역겹고. 그래서 산초장아찌가 내게는 입맛을 돋우는 식품이지만, 누구에게는 혼비백산할 공포물이다. 사람이 이런 걸 먹다니... 이렇게 맛있는 걸 싫다고 하다니… 맛의 스펙트럼은 싫다와 좋다 사이에 존재하는 무수한 간격이다.

미식을 얘기할 때 짠 맛을 빼놓을 수 없다. 맛의 진수는 짠맛이라고 해도 과언이 아니다. 짠맛은 염분에서 비롯된다. 식품은 염분이 있어야 맛이 있다. 또한 염분은 식품의 부패를 막고 오랜 보관을 가능하게 한다. 이런 사실을 알아챈 그 누군가는 진짜 위대한 사람이다. 생선이 중요한 그리고 끊을 수 없는 중요한 먹거리로 등장한 상황에서 소금이 없었더라면 부패하기 쉬운 청어와 같은 물고기의 장기 보관은 불가능했을 것이다. 소금은 염장법을 통해 음식혁명을 초래했다.

수렵과 채집 위주의 사회에서는 식물이나 육류를 통해 염분 섭취가 가능했지만, 정착 생활을 하는 농경사회의 인류는 별도로 소금을 구해야 했다. 그래서 암염 채굴과 천일염 제조 산업이 발전하게 되었다. 그리고 통치자는 국가의 이름으로 소금세를 징수하거나 소금 판매를 국가 전매사업으로 만들었다. 다시 말해 중세 봉건사회의 왕과 도시 상인들에게 소금은 부의 원천이었다. 우리나라에서 유류세가 세수 확보에 중요하듯, 과거에는 소금세가 징수가 큰일이었다.

당나라는 중국 역사상 최초로 소금 전매를 통해 국가 재정을 충당하려 했다. 그러자 당 조정의 정책에 분개한 소금 밀매업자 황소가 반란을 일으켰다. 엄청난 이권이 달린 사업을 순순히 포기할 만큼 사람은 양심적이지 못하다. 880년 황소의 봉기군이 수도 낙양은 물론 거대 도시 장안을 순식간에 점령한다. 위기의 제국을 구한 건 이극용이 이끄는 사타돌궐의 군대였다. 그러나 결국 당나라는 907년 멸망하고 만다. 어찌 보면 당나라는 소금 사업의 관리를 잘못한 탓에 운명을 다했다고 말할 수 있다.

24

2천 년 전의 국제결혼

: 가락국 수로왕과 인도 아유타국 공주 허황옥

영국의 수도 런던에는 템즈 강이 흐른다. 이 강변에 웨스트민스터 사원이 있다. 버킹검 궁이 왕실 궁전이라면 웨스트민스터는 대관식과 결혼식 등 왕실 의식을 거행하는 장소라 말할 수 있다. 2011년 4월 29일 영국의 왕위 계승 서열 2위로 웨일스 왕자(Prince)에서 케임브리지 공작(Duke)이 된 윌리엄과 케이트 미들턴의 결혼식이 이곳에서 거행되었다. 결혼과 동시에 케이트 미들턴은 자동으로 공작부인이 되었다. 이 결혼은 세기의 결혼이 되었을지언정 국제결혼은

영국 왕실 의식을 거행하는 <웨스트민스터 사원>. '웨스트민스터 사원과 바스(Bath)에서 온 기사들의 행렬'이라는 제목이 붙은 카날레또(Canalettō)의 1749년 작품.

아니었다. 오늘날 국적이나 인종이 다른 사람들 간의 결혼은 놀랄 일이 아니다. 한국은 한때 외국인들에게 <은둔의 왕국>으로 알려질 만큼 문호 개방에 소극적이고 혼혈주의를 극도로 금기시했다. 그러나 최근 십 수 년 사이 한국에서 국제결혼의 숫자는 엄청나게 늘었다.

웨스트민스터 사원의 공식 명칭은 <웨스트민스터 성 베드로 대학 교회>로 런던 웨스트민스터시에 위치해 있는 고딕 양식의 수도원이다. 동쪽에는 웨스트민스터 궁이 있다. 여기에 뉴턴, 다윈과 같은 과학자는 물론 영국의 군주와 배우자들의 시신이 안장되어 있다. 아래에서 보듯 왕실 여인들 중에는 영국 바깥세상에서 들어온 이국의 여자들이 제법 많다. 공주는 이방의 남자와 혼인을 하기도 했다.

잉글랜드의 에드워드 1세와 그의 왕비 카스티야(스페인)의 엘리너
잉글랜드의 에드워드 3세와 그의 왕비 헤이너트의 필리파
잉글랜드의 리처드 2세와 그의 왕비 보헤미아의 안네 폰 뵈멘(신성로마제국 황제이자 보헤미아 국왕 카를 4세의 딸)
잉글랜드의 헨리 5세와 그의 왕비 프랑스 발루아 왕가 샤를 6세의 딸 캐서린
잉글랜드의 제임스 1세와 그의 왕비 덴마크의 앤
그레이트 브리튼의 앤과 그녀의 부군 덴마크의 게오르
그레이트 브리튼의 조지 2세와 그의 아내 독일 안스바흐의 캐롤라인
(참고로 그레이트 브리튼은 1707년 잉글랜드 왕국과 스코틀랜드 왕국이 합방하여 성립한 왕국을 가리킨다)

동양에서는 중원 바깥 오랑캐의 땅으로 시집가는 이런 여자들을 화친(和親)공주라 불렀다. 고려 말 몽골족의 원나라 황제에게 시집 간 기황후가 화친이며, 반대급부로 공민왕 등 고려왕의 배필이

된 몽골 콩기라트 가문의 여식들도 화친이었다. 한때 월지의 속국이었을 흉노 두만 선우의 아들이 월지에 질자(質子, 인질)로 가 있었고, 보답으로(?) 월지의 공주는 흉노 선우에게 시집을 왔다.

서양에서의 결혼식은 성당에서 이뤄진다. 성부이자 성자요, 동시에 성신이기도 한 삼위일체로서의 예수 그리스도를 대신하여 혼인의식을 집전하는 신부가 성스런 결혼의 매개자인 셈이다. 이렇게 사랑 넘치고 은혜로우신 하느님 아버지께서 지켜보고 신도들이 증인으로 참석한 가운데 성사된 결혼은 성격상 파기될 수 없다. 그러나 인간은 반드시 이성적으로 행동하지 않는다. 특히 사랑이라는 감정적 요인과 결부된 일에 있어서는 더욱 그렇다. 튜더 왕조의 헨리 8세가 왕비 캐서린과 이혼하고 앤 불린과 새로 결혼하고자 추기경을 교황청에 보내 이혼 허락을 해달라고 졸라댄 일이 그러하다. 가톨릭에서는 "한 번 결혼은 영원한 결혼"이다. 그러니 맘에 안 든다고 함부로 이혼을 할 수가 없다. 앤 불린과 사랑에 빠진 헨리 8세가 토마스 울지 추기경을 보내 교황의 허락을 구하지만 바티칸이 그런 터무니없는 요청을 들어줄 수는 없다. 반이성적이 된 헨리 8세는 자신의 새로운 사랑을 반대하는 종교를 버리기로 하고 영국의 국교를 가톨릭에서 성공회로 바꾼다. 그리고 왕비 캐서린과 이혼하고 시녀였던 앤 불린과 결혼한다. 전 왕비와의 사이에서 낳은 딸이 메리, 앤과의 소생이 엘리자베스다. 메리는 엄마의 불행을 목격하고, 미운 새엄마의 팥쥐 딸 엘리자베스의 보모 역할을 한다. 역사라는 과거 시간 속으로의 여행은 행불행의 인간사가 시공의 차이와 상관없이 여전함을 보여준다. 인간의 한계를 깨닫게 한다. 어리석음, 탐욕의 틀에서 인간이 벗어나지 못한다는 걸 일깨워준다.

우리나라 김해 김씨의 시조는 금관가야를 세운 수로왕이다. 미리 말하자면 태양왕이라는 말이다. 머리 수(首), 이슬 로(露) 구성된 이름 '수로(首露)'는 의미가 없는 이름이다. 차라리 수로(水路, 물길)라

인도 아요디야는 김해가야의 시조인 수로왕의 비 허황옥의 출신지다.

면 모를까. 동일인물을 다른 곳에서는 머리 수(首)와 언덕 릉(陵)을 써서 '수릉(首陵)'이라고 적었다. 이는 首露와 首陵이 다 어떤 소리를 표기하기 위한 음차어라는 사실을 말해준다. 그렇다면 두 음차어는 어떤 의미를 지니는 어떤 소리를 표기하는 것일까? 바로 '해'를 뜻하는 '수리야(surya)'라는 말소리를 한자어로 음표기 한 것이다. 고대 사회에서 왕은 태양의 권능을 부여받은 존재로 인식되었다. 왕은 하늘이자, 하늘에 뜬 태양, 태양처럼 고귀한 존재였다. 인도도 그랬다. 수리야방샤(Surya－vansha)라는 태양 왕조는 수리야방시(Suryavanshi), 즉 수리야(태양) 방시(族)가 통치하는 왕조였다. 범어인 '방시'는 '종족(race)' 또는 '가문(clan)'이라는 뜻의 말이다.

『비시누 푸라나』, 『라마야나』, 『마하바라타』 같은 신화집(神話集) 속에 수리야 왕조에 관한 이야기가 담겨 있다. 이 왕조 최초의 왕이 지구상 최초의 인간이자 모든 인류의 왕인 마누(Manu) 또는 봐이봐스봐타 마누(Vaivasvata Manu)다. 마누에게는 아홉 명의 아들과 일라(Ila)라는 이름을 가진 딸이 한 명 있었다. 마누의 딸 일라는 달(月) 왕조 소마(Soma)의 아들 부다 그라하(Budha Graha)와 결혼한다.

부다는 로마신화의 머큐리(Mercury), 즉 수성신(水星神)에 해당된다. 두 사람의 아들 푸루라봐스(Pururavas)는 아일라 왕조 혹은 소마방시(달 왕조) 내지 찬드라방시 왕조 최초의 왕이 되었다.

마누의 아홉 아들 중 한 명인 익슈바쿠(Ikshvaku)가 익슈바쿠 왕조의 건립자다. 그에게는 101명의 자식이 있었는데 그 가운데 비쿡시(Vikukshi), 니미(Nimi), 단다(Danda)가 영특했다. 그러나 왕위는 쿡시(Kukshi)에게 이어졌고 그가 바로 수리야방샤의 건국주였다. 그가 일찍 죽자 사후 초명이 비쿡시였던 사사다(Sasada)가 뒤를 이었다. '사사다'는 '토끼고기 먹는 사람'이라는 뜻의 말이다. 그가 아요디야(Ayodhya)의 왕이 되었다. 수로왕비가 된 허황옥은 바로 아요디야국의 공주였다. 공주 신분의 허황옥이 한반도 남단의 소국(小國) 금관가야의 왕 수로와 결혼하기 위해 황포 범선을 타고 파도치는 바다를 건너 낙동강 하류 바닷가에 당도한다. 그리고 절차에 따라 혼인예식을 치른다. 과연 이 둘의 결혼을 국제결혼이라고 할 수 있는가? 수로왕(首露王)은 고대 인도말로 태양왕(sun king)을 의미한다. 그가 수리야 가문 출신이라고 추정할 수 있는 근거다. 허황옥 또한 인도 아유타국 출신이고 아유타국의 지배세력은 수리야방시, 즉 태양족이었다. 그렇다면 둘은 신의 계시로 부부가 된 것이 아니라 태양족이 통치하는 나라 아요디야에서부터 알고 지내며 사랑을 키워온 연인이었다고 말해도 무방할 듯싶다.

티베트의 송첸감포왕과 당태종의 조카딸 문성공주의 결혼은 극적인 요소가 너무나 많다. 이역만리 멀고도 먼 곳, 아는 이 한 사람도 없는 물설고 낯선 곳으로 의지와는 상관없이 가야 할 때, 한 번 가면 다시는 돌아오지 못할 그곳으로 등 떠밀려 가야 한다면, 누구라도 운명이 원망스럽고 슬프지 않을까?

해발고도 3천 미터의 라사 지역은 숨쉬기조차 어려운 곳이다. 속이 울렁거리고, 머리가 지끈지끈 아프고, 손가락이 저릿저릿하고,

가슴이 답답한 느낌이 들면 그건 고산증세다. 그럴 땐 누워서 쉬어야 한다. 고산증을 다스리는 제일 좋은 방법은 매운 음식을 먹어서 속을 풀어주는 것이다.

25

모든 것은 고향이 있다

: 떠돌이 후추의 삶

후추의 원산지가 어디일까? 후추를 한자로는 호초(胡菽)라고 쓰고, 후추에 가깝게 읽는다. 서양 콩이라는 의미의 단어다. 달리 말해, 후추를 서방 오랑캐의 콩으로 인식한다는 방증이다. 나를 중심으로 하는 세계관에서는 동서남북이 모두 오랑캐다. 고대 그리스에게 있어 페르시아가 오랑캐 또는 야만인이었으며, 천축국 인도가 볼 때는 세상 모두가 다 야만의 땅이고, 야만족이었다. 그렇다고 페르시아가 실제로 야만인은 아니었다. 커녕 그리스를 압도하는 문명국이었다.

호두, 석류, 참외도 페르시아(현재 이란)가 주산지다. 호선무(胡旋舞), 호로생(胡盧笙) 역시 중국의 입장에서 본 호인(胡人)들의 문화다. 호빵과 호떡은 아니다. 우리가 바라보는 胡이기 때문이다. 호랑나비는 모르겠다. 얼룩소, 알록달록 같은 어휘는 중앙아시아를 누비던 돌궐어에서 비롯되었다. 물산이 사람의 손에 의해, 말과 낙타 등에 실려 원산지를 떠나 타향에서 새 주인을 만나는 경우는 비일비재하다. 사람이 가면 말도 간다. 누군가 타지에 나갔다 오면 그곳의 티끌뿐만 아니라 문화를 전수받아 오는 경우도 흔하다. 인도의 예능집단 돔바가 동가숙 서가식하며 서쪽으로 이동해 가서 현재 유럽에서 로마니라 불리며 떠돌이 집시 대접을 받고 있듯, 천축(天竺, 고대 인도)의 상인이나 종교인이 동방으로 진출해 그 지역에 인도말과 문화를 퍼뜨렸다. 거꾸로 한국, 중국 등 동방인들이 서역으로 진출하며 자국의 언어와 풍습을 서양에 전했다.

담박(淡泊)한 수프를 먹을 때 나는 후추를 쳐 먹는다. 그러면 입맛이 돈다. 국물음식인 떡국, 만둣국, 콩나물국, 무국을 먹을 때도 그렇거니와 잡채, 아스파라거스, 피자, 파스타와 같이 굽거나 볶은 요리에도 후추를 친다. 심지어는 얼큰한 순두부찌개나 김칫국에도, 매운 떡볶이에도 후추를 쳐 먹는다. 뜨끈한 국물 맛이 일품인 우동에도 후추는 어울린다. 뜨거운 국물이 천천히 또는 은근하게 사람 몸을 덥혀주는 것과 후추가 훅하니 일시에 몸에 熱感, 즉 열 기운을 높이는 것과는 차이가 있다. 후추는 그 성질상 몸을 덥게 하는 효능을 지니고 있다. 후추를 왜 먹을까? 후추를 못 먹어 죽은 사람은 없다. 그러나 후추 때문에 죽은 사람은 부지기수다.

인도가 원산지인 후추는 전 세계적으로 매년 약 13만 톤가량 생산되는데, 향신료 전체 생산량의 1/4에 해당하는 양이라고 한다. 가히 '향신료의 왕'이라 불릴 만하다. 과거에는 실물화폐로 쓰일 정도로 인기 품목이라 '검은 금'이라 불렸다. 우리나라에서도 조선조까지만 하더라도 연회석상에서 주연상에 후추가 오르면 기녀들이 서로 쟁탈전을 벌일 정도였다고 한다.

후추나무 잎새와 후추 알갱이들

바스코 다 가마(Basco da Gama)와 후추 전쟁

후추는 한자로는 호초(胡椒, 산초나무 초)라고 쓰고 후추라고 읽는다. 중국인들의 한자음을 우리도 그대로 받아들인 것이다. 중국인들은 또 후추를 흑천(黑川)이라고도 부르며 향료와 조미료로 사용한다. 胡椒의 胡는 이 식품이 중국이 아닌 다른 지역으로부터의 수입품임을 말해준다. 원래 胡는 북방과 서방의 유목민족을 지칭했으나 후일에는 중앙아시아의 소그드족을 가리키기도 하고 때로는 토번(吐蕃, 티베트)을 말하기도 했다. 오아시스에 성곽을 쌓고 정주하는 거국(居國)과 물과 목초를 따라 유목생활을 하는 행국(行國)으로 구별되는 서역제국(西域諸國)을 구성하는 다양한 종족(種族)도 胡에 해당되었다.

그런 외국에서 유입된 물산에는 '胡'를 붙여 국산품과 구별을 하였다. 따라서 호도(胡桃), 호밀, 호빵, 호병(=호떡), 호박 등은 내륙아시아가 원산지가 아님을 알 수 있다. 호로생(胡盧笙), 호선무(胡旋舞)도 서역의 문물임을 짐작할 수 있다. 마찬가지로 우리나라에서는 서구에서 유입된 물건, 서구와 관련이 있는 물품이나 사람 앞에 '양(洋)'을 붙여 이름을 짓는다. 양파, 양장, 양복, 양말, 양화점, 양주, 양산, 양담배, 양배추, 양잿물, 양아치, 양놈, 양공주 등이 그러하다.

중국산은 '당(唐)'자를 붙여 지칭했다. 당면(唐麪), 당근(唐根), 당삼채(唐三彩) 등등. 지명 당진(唐津)에서의 唐 역시 그러하다. 그러나 실제에 있어 당근의 원산지는 아프가니스탄이 속한 히말라야, 힌두쿠시 산맥 일대다. 그래서 중국인들은 아프가니스탄 일대가 원산지로 원나라 때 들어온 이 식물을 호라복(胡蘿葍, 무 라, 메꽃 복)이라 부르고, 우리는 중국을 통해 들여왔기에 당근이라고 부르게 된 것이다. 미나리과 당근속의 당근의 꽃말은 "죽음도 아깝지 않으리"라고 한다.

포르투갈의 탐험가 바스코 다 가마(Vasco da Gama, 1460 또는

1469~1524년)로 하여금 여러 가지 역경을 딛고 인도를 발견하게 만든 것이 바로 후추라는 향신료다. 바스코는 투자자들을 설득해 인도 항해를 위한 자금을 끌어 모았다. 1497년 7월 8일 4척의 배에 선원 170명을 인솔하고 리스본을 떠난 지 10여 개월 만인 1498년 5월 20일 그와 선원들은 남인도 말라바르 지방 깔리꾸뜨(영어 표기는 Calicut) 부근 해안에 상륙한다. 그리고 소정의 무역 거래를 마치고 세 달 이십 일 만인 8월 29일 귀로에 오른다. 그러나 인도양 횡단 중에 마주친 몬순 탓에 선원의 절반이 목숨을 잃고 살아남은 선원들도 괴혈병에 시달렸다. 그 때문에 2척의 배가 바스코가 탄 <싸웅 가브리엘(São Gabriel)>호보다 먼저 본국에 돌아오고, 바스코는 9월에 험한 여정을 마치고 포르투갈에 닻을 내린다. 그런 중에 대부분의 화물은 소실되었다. 그럼에도 남은 물품이 투자자들이 출자한 액수의 3천배가 넘는 수익을 낳는다. 사정이 이와 같으니 연달아 무역선이 인도를 향해 출항하게 되었음은 짐작하고도 남는다.

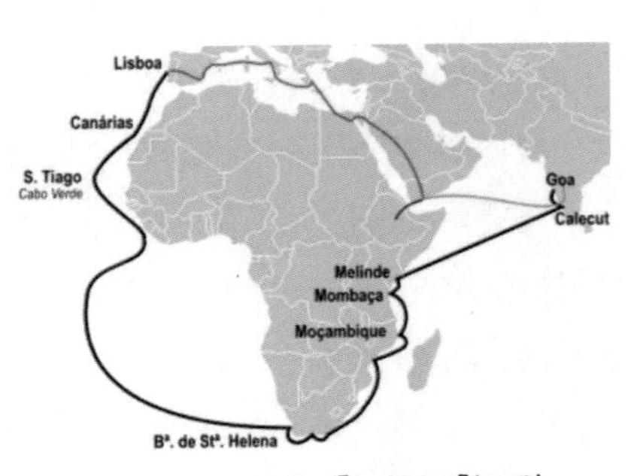

바스코 다 가마의 첫 인도 항해길

바스코 다 가마도 2년 반 뒤인 1502년 20척의 군함을 이끌고 인도를 향해 출항한다. 목적은 첫 항해 때 깔리꾸뜨에 남겨두고 온 포르투갈인들이 살해당한 일에 대한 보복을 위해서였다. 실제로 그와 포르투갈 병사들은 캘리컷 토후가 이끄는 인도군과 전투를 벌인다. 마지막 3차 인도행은 1524년 인도 총독으로 임명받아 부임지로 가는 길이었다. 그러나 고아에서 말라리아에 걸려 크리스마스 이브인 12월 24일 코친에서 죽음을 맞이한다. 유럽에서 인도까지 항해한 최초의 인물, 인도 항로를 최초로 개척한 이 항해자 덕분에 포르투갈은 해상제국이 될 수 있었다. 바스코가 인도와의 교역을 통해 상업적 이익을 낳도록 한 효자상품이 무엇이었을까? 바로 후추다. 그렇다면 후추가 무엇이길래 서구인들의 미각을 사로잡았을까? 왜 후추 알갱이 하나가 황금과 맞먹는 가치를 지니게 되었을까?

중세 유럽에서는 고기를 소금이나 꿀에 절여 저장했는데, 소금은 화폐로 사용될 만큼 쓰임새도 많았고 귀한 물건이며 꿀은 그걸 능가하는 식품이라 음식 보존이 여간 힘든 게 아니었다. 염장고기의 경우 시간이 지나면 코에 거슬리는 누린내가 심해진다. 이런 류의 냄새를 없애기 위해 향신료가 필요했다. 일반 농민들은 주변에서 구할 수 있는 타임(thyme) 같은 토속 허브를 사용했지만 기사나 영주, 왕족과 귀족들은 동방에서 수입된 향신료를 고기에 뿌려 저장했다.

각종 향신료. 인도, 파키스탄은 물론 중동이나 아프리카의 재래시장에 가면 별별 향신료를 구경할 수 있다.

향신료 중에서 가장 압도적인 비율을 차지했던 것이 후추였다. 중세 후반에 이르러 후추 사용이 보편화되자 귀한 분들은 다른 향신료로 눈을 돌리기 시작했다. 정향(丁香), 육두구(肉荳蔻), 사프란이 대표적인 향신료다.

15세기 동로마 제국의 멸망으로 이슬람 쪽에서 동방무역을 독점하던 때의 후추 가격은 상상을 초월해서 후추 알갱이 하나가 같은 무게의 금과 같이 취급되었다. 지금 가장 비싼 향신료라는 사프란과 거의 맞먹는 수준이었다. 흑사병이 창궐할 때는 향신료의 향기가 병을 쫓는다 생각하여 다른 향신료와 더불어 값이 올랐다.

새로운 해양로가 개척되고 식민지에서의 생산량이 증가했어도 후추값은 금방 떨어지지 않았다. 오히려 독점과 가격유지를 위해 후추 산지에서 자라는 후추나무를 주기적으로 태워버려 인위적으로 산출량을 조절했다. 각 나라마다 후추 열매를 빼돌린 자는 사형에 처하는 강수를 두었다.

참고로 중세 유럽은 음식에 장난치는 것에 대해 매우 엄격하여 빵의 무게를 속인 죄로 한 제빵업자를 거름통에 처넣고 하루 종일 몸을 삭히고 부풀렸다. 그동안 후추라는 향신료에 지나치게 몰두한 것에 대한 반성에서인지 유럽에서는 월계수 잎(bay leaves)이나 바질(basil) 같은 토속 향신료가 환영을 받기 시작했다.

과거에 부유한 영주나 귀족들이 음식에 후추를 치거나 향신료를 뿌리는 것은 실제로 그 맛과 향을 즐기기 위한 것이 아니라 일종의 과시용이었다. 그래서 후추는 식재라기보다는 사치품에 가까웠다. 술이나 음료수에 후추 같은 향신료를 넣는 행위는 손님에 대한 최고의 예우였다. 지금도 그 잔재는 남아있어서 남은 와인을 과일, 향신료와 함께 끓여 먹는 뱅쇼라는 음료가 있으며, 우리나라의 경우 수정과나 백숙을 끓일 때 통후추를 넣는 것 또한 향신료가 귀하던 시절의 잔재이다.

이른바 <대항해시대> 당시 향신료 등을 통해 얻는 수익이 어느 정도였냐면, 배 열 척을 띄워 한 척만 돌아와도 순이익만 다섯 배였다. 또한 전쟁 보상금으로 금, 은, 비단과 함께 후추를 요구하던 시절도 있었다. 하인이 다른 음식은 다 서빙해도 차와 향신료만큼은 주인이 직접 다루기도 했다. 물론 신분이 높은 귀족들에게는 향신료 보관이 주업무이던 하인이 따로 있었다. 세상은 요지경이다.

26

운칠기삼(運七氣三)

: 청어가 살찌운 나라 네덜란드, 벨기에 나빠요

벨기에는 잘 사는 나라가 아니었다. 초콜릿 하면 벨기에, 와플 하면 역시 벨기에, 이런 명성은 쉽게 얻어지지 않는다. 나는 언젠가 벨기에에 갔다가 쌉쏘름한 벨기에식 원두커피와 벨기에 와플의 환상적 결합, 콤비네이션을 떠올리며 오줌싸개 소년 동상이 있는 곳을 찾아갔던 적이 있다.

삼류국가이던 벨기에가 돈 많은 부자국가로 우뚝 설 수 있었던 배경에는 다른 이들의 숨은 도움이 존재한다. 사실 오줌싸개 소년 동상은 볼거리로서는 그다지 매력적이지 못하다. 오줌 싸는 어린 꼬마는 생각보다 너무 작았다. 그 녀석이 유명한 것은 사이즈보다 스토리가 큰 역할을 하고 있다.

벨기에 수도 브뤼셀의
오줌싸개 소년 동상

'運七氣三'이라는 타이틀을 걸고 내가 말하고 싶은 것은 우리가 살면서 "내가 잘 나서, 나 혼자서라도"라는 사고방식은 곤란하다는 점이다. 누구라도 오늘의 성공에 자만하면 안 된다. 오늘의 행복 앞에 겸손해야 한다. 나라도 마찬가지다. 무엇보다 벨기에는 고무혁명에 고마워해야 한다. 고무나무 수액이 알아서 고무신을 만들고, 장화를 만들고, 타이어를 만들지 못한다. 지우개도 못 만든다. 고무나무는 열대의 정글 속에서 시절 인연을 기다리며 몸을 키우고 몸집을 늘렸다. 하늘이 부르기를, 하늘이 소명을 알려줄 날을 기다렸다. 마침내 그 날이 왔다. "너는 바퀴가 되어라" 고무 타이어가 만들어지기 전 자동차는 스스로 움직이는 차가 아니었다.

한 우물만 파는 집요한 과학자가 있었다. 독학 화학자에 제조기술자인 그의 이름은 찰스 굿이어(Charles Goodyear, 1800~1860)이다. 이 우직한 미술인이 직장도 도중하차 하고, 집도 팔고, 엄청난 갈등과 번민 속에 고무 경화법을 발견했다. 고무의 탄성을 증가 시키는 기술인데, 본래 천연 고무는 탄력성 고분자로 이뤄져 있어 적당히 힘을 가해 잡아 늘리면 늘어나고, 힘을 멈추면 다시 원래의 상태로 돌아가는 성질이 있다. 발견은 우연히 이루어졌다. 천연고무덩어리와 황을 혼합한 물질을 뜨거운 난로 위에 떨어뜨렸다가 다음날 이 고무와 황의 혼합물질이 굉장한 탄성을 지닌데다가 내구성도 증가했다는 사실을 발견한 것이다. 1844년 굿이어는 고무가황법으로 특허를 받았다. 그러나 과학적 발견으로 큰 부를 누리지 못했다. 운명이다.

독학 화학자이자 발명가인
찰스 굿이어

찰스 굿이어의 집요함, 끈기 덕분에 자전거, 자동차, 항공기 등 고무바퀴를 이용하는 교통수단의 획기적인 발전이 가능했다. 1888년 영국의 수의사 던롭이 아들을 위해 공기를 집어넣은 타이어를 발명하면서 타이어의 역사는 시작되었다. 그리고 미국 사업가 프랭크 세이버링이 그를 기려 <굿이어타이어앤드러버 컴퍼니>를 설립하면서 굿이어는 미쉐린과 더불어 타이어의 대명사가 되었다.

친구 히람 허친슨은 굿이어의 특허권을 사들여 프랑스로 건너가 1853년 <프랑스 몽타르지>에 연성고무회사를 설립했다. 국민 대다수가 전원생활을 즐기는 프랑스에서 고무장화를 만들어 팔면 돈을 벌 수 있겠다는 판단에서였다. 19세기 초 영국 귀족들 사이에서 유행한 '웰링턴 부츠' 스타일의 고무장화는 폭발적 인기상품이 되었다. 그리고 이 회사는 훗날 에이글로 사명을 바꾸고 방수 신발과 방수 의류를 비롯한 아웃도어 용품을 생산 판매에 주력하고 있다.

아프리카 콩고의 정글은 온통 고무나무 천지다. 나무에 상처를 내면 하얀 수액이 스며 나온다. 이 자체는 아무런 경제적 이득이 없다. 굿이어씨 덕분에 고무산업이 발전하고 무쇠나 나무 바퀴 대신 고무바퀴가 당당하게 교통 혁명을 선도했다. 이럴 때 우리는 고무나무에 감사해야 할까, 굿이어 씨의 집요한 노력을 높이 평가해야 할까?

16세기에서 19세기 대서양을 사이에 두고 서유럽 제국들이 아프리카와 신대륙을 잇는 악명 높은 삼각무역에 열을 올렸다. 그리고 노예장사로 떼돈을 벌었다. 스스로 인간이기를 포기한 잔인한 백인 노예상들은 유럽에서 제조된 제품을 배에 싣고 아프리카로 갔다. 그곳에는 돈 한 푼 들일 필요 없는 야만의 짐승 흑인 검둥이들이 수없이 있었다. 그들이 가져온 럼, 옷감, 무기, 화약 등은 현지의 노예사냥꾼들을 위한 것이었다. 이들에게 사냥감이 되어 이리저리 도망다니다 종당에는 사로잡혀 하루아침에 노예가 된 흑인들의 참담함은 이루 말할 수 없을 것이다.

인간 대 물자의 물물교환 형식으로 거래되어 노예상의 판매목록에 오른 아프리카 원주민들은 노예선에 실려 대서양을 건넌다. 중도

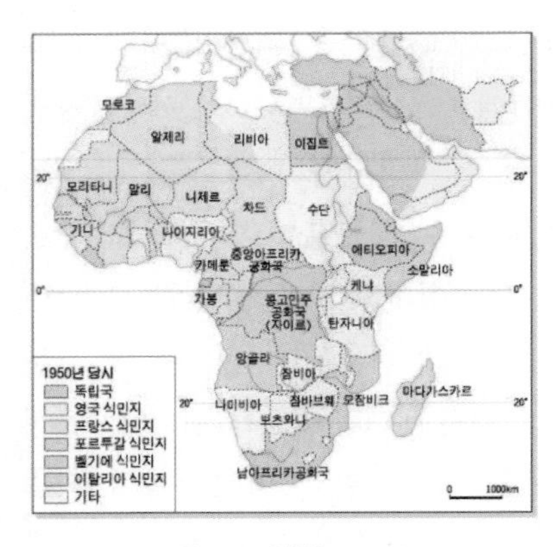

아프리카 식민지 지도

에 병에 걸리거나 굶주림, 매질 등의 가혹행위로 목숨을 잃는 흑인 노예들의 수는 부지기수였다. 끔찍한 몰골로 신대륙 노예시장에 짐승처럼 내걸린 흑인들은 대부분 신대륙 농장노예로 팔려갔다. 그리고 수치도, 자존심도 아무 소용없는 노예로서의 삶을 살았다. 이들이 신대륙에서 가꾼 감자, 옥수수, 목화, 담배, 커피, 쌀, 밀, 사탕수수 등의 농산물들은 대서양을 건너가 유럽인들의 식탁에 오르고 일상의 기쁨이 되었다. 아사 일보 직전의 유럽을 살린 것은 식민지 아프리카의 노예들이었다. 이들이 아니었다면 유럽의 재생은 불가능했다.

영국, 프랑스, 포르투갈, 스페인 외에 벨기에도 노예무역의 덕을 엄청나게 봤다. 벨기에는 서아프리카 콩고를 식민지로 삼았다. 이 나라는 국토 면적이 벨기에의 76배나 된다. 서유럽만한 크기라고 말한다면 그 넓이를 대충 짐작할 수 있을 것이다. 벨기에에게는 고맙게도 이 땅 아래에는 구리, 코발트 등의 광물자원이 풍부하게 매장되어 있고, 지상의 열대우림은 고무나무가 주종을 이루었다. 이것이 콩고 원주민들에게는 저주가 되었다. 당시 벨기에의 통치자는 국왕 레오폴드 2세였다. 그는 자신이 흡혈악귀가 되는 줄은 모르고 오로지 식민지 개척을 통한 부국만을 최상의 덕목으로 생각했던 듯하다. 이렇게 한 개인의 어리석음이나 잔인함, 탐욕 혹은 달리 무엇이라 부르든, 그것에서 비롯된 악행이 인류가 오래 부끄러워해야할 비극적 참사를 낳았다. 레오폴드 2세는 부친의 뒤를 이어 1865년 왕좌에 올랐다. 1874년 30대 초반의 헨리 모턴 스탠리(1841~1904년)가 신문사의 후원으로 콩고를 여행한 뒤 "야만의 아프리카에 유럽의 문명을 쏟아 부으면 엄청난 경제적 개발의 기회가 무한대로 있다"라고 선전하기 시작했다. 레오폴드 2세는 스탠리의 말에 솔깃했다.

영국 북 웨일스에서 태어나 17세에 미국으로 건너간 젊은 언론인 겸 탐험가 스탠리는 1869년 28세 되던 해 3년 전인 1866년에 나일 강의 수원을 찾아 떠난 이후 행방이 묘연한 데이비드 리빙스턴 박사 구조를 포함한 중동 지방 탐사대를 꾸리라는 <뉴욕 헤럴드> 지 사장 베네트의 비밀 지령을 받는다. 그렇게 시작된 그의 탐사 여행길에 그는 오늘날의 이란 페르세폴리스에 들려 거기 유적에 자랑스럽게 자신의 이름을 새겨놓았다. "Stanley / New York Herald / 1870" 꼴불견이다. 그래피티(graffiti, 낙서)는 명백한 반달리즘 행위다. 이란을 거쳐 아프리카에 들어간 그는 1871년 3월 잔지바르 여행을 개시했다. 탐사대장 스탠리는 192명의 포터로 탐사대를 꾸렸다. 1년 반여의 고생 끝에 마침내 1872년 11월 10일 탄자니아 탕가니카 호수 부근 우지지라는 곳에서 리빙스턴 박사를 발견한다.

1877년부터 1884년까지 레오폴드 2세는 스탠리가 콩고를 속속들이 답사할 수 있도록 배려하고 후원했다. 그렇게 해서 콩고 자유국 건설의 기초를 닦았다. 식민지 지배집단으로서는 행복한 시간이었다. 피지배 원주민들에게는 끔찍한 지옥의 불길 속에서 고통스럽게 죽어가는 불행의 시간이었다. 레오폴드 2세의 노예무역을 통한 무자비한 수탈과 살육으로 1880~1920년 사이 콩고자유국의 인구는 천만 명, 전체 인구의 약 1/2 가량이 사망했다. 2차 세계대전으로 학살당한 유대인의 숫자와

벨기에 국왕 레오폴드 2세

크메르 루즈군에 의한 캄보디아 국민들끼리의 전쟁으로 인한 사망자 숫자를 합치면 줄잡아 2천만 명이 넘는다. 벨기에 나쁘다.

식욕은 근본적인 본능이다. 본능을 억제하는 일은 힘들고 부자연스럽다. 그러나 그를 통한 회개와 참회는 신이 보기에 참으로 어엿브고 착한 일로서 주에 대한 깊은 신앙심의 증좌 역할을 한다. 그래서 기독교인들은 부활절 하루를 금식한다. 중요한 건 단식이 아니라 금식이라는 점이다. 단식은 고통스러우나 금식은 견딜만하다. 여기서의 금식이란 생으로 굶는 것이 아니라 평소 맛있게 먹던 음식을 금하는 것이다. 예수의 죽음을 떠올리게 할뿐더러 핏물이 흐르는 육류는 맛있기는 하나 어쩐지 께름칙하다. 그러므로 특별한 제일이나 축일에는 본능을 억제하고 맛있는 음식을 피하는 것이 바람직한 일인 것 같다. 그렇다고 안 먹자니 허전하다. 마침내 사람들은 대체 음식을 찾아냈다. 예수를 십자가에 못 박혀 돌아가시게 한 죄인들은 살해의 이미지를 지니는 고기 대신 물고기를 먹음으로써 주 예수와 하나 되는 기쁨을 누리고, 비로소 신앙인의 의무를 다 한 듯 느낀다. 속죄의 날, 사람들은 이렇게 속죄하고 마음의 안식을 얻는다. 서양인들이 채식을 한다면서 물고기 먹는 걸 아무렇지도 않게 생각하는 건 이런 배경이 있어서다. 눈 가리고 야옹격. 사람 사는 건 이만큼 소소하다.

그런데 금식일이 어쩌다 있는 것도 아니고 하루건너 꼴로 금식을 해야 한다면 어떤 일이 생길까? 중세를 거쳐 근세로 넘어오면서 기독교의 금식일은 계속 늘어나 일 년의 절반이 넘는 200일 이상이 되었다. 육고기는 먹을 수 없었고 사람들은 물고기에 관심을 기울였다. 씹는 즐거움을 포기할 수 없어서다. 금식은 자발적 선택이 아니라 타율에 의한 불가피한 일이었고, 하지 말아야 할 것은 더 하고 싶고 할 것은 하기 싫은 인간의 원초적 본능은 끝끝내 씹고자 했다.

물고기가 양자의 타협이었다. 교회의 입장은 육고기만 아니면 되었다. 세속으로서는 육고기만은 못하지만 물고기 살을 씹는 재미가 있었다. 금식일에 육류 섭취를 금한 것이 인간의 욕망을 저지하기는커녕 오히려 먹는 일, 씹고 뜯는 재미에 더 몰입하게 만들었다. 잠든 욕망을 일으켜 세웠다. 금지함으로서 오히려 더 하고 싶게 만들고, 그래서 결국 물고기 요리를 발달시켰다. 그 결과 씹거나 뜯거나 강에서 잡는 민물고기만으로는 생선 수요를 충당할 수 없었다. 문제가 있으면 해결책이 있게 마련이다. 유럽인들은 위험을 무릅쓰고 바다로 눈을 돌렸다. 연안 조업을 뛰어넘어 원양어업에 뛰어들었다. 산업구조가 바뀌고 식탁은 풍부해졌다.

뜻하지 않게 물고기가 어제의 빈국을 오늘의 부국으로 만들었다. 음식혁명의 싹이 트기 시작했다. 돈벌이가 되는 생선을 장기 보관하기 위해 고안해 낸 염장법이 바로 그것이다. 한 때 네덜란드는 인구 전체의 1/5이 청어잡이에 종사했다. 북해는 물 반 청어 반의 보고였다. 청어는 주요한 교역품이 되었다. 청어 무역의 중심지 스헤베닝겐(Schveningen)에서는 청어잡이 철이 되면 축제를 연다. 염장청어는 이곳의 특산 별미로 나무통에 담아 소금을 쳐서 숙성시킨 것인데 이 동네 사람들에게 세상에서 가장 맛있고 그래서 제일 좋아하는 음식이 되었다. 네덜란드는 국운이 좋다.

27

별난 삶의 선택, 무뢰배(無賴輩)

: 언제 어디서든 나쁜 놈, 나쁜 놈

꽃미남인 화랑(花郞)의 무리를 화랑도(花郞徒)라 한다. 잘 난 사람이든 못난이든 모이면 부패하기 쉽다. 현실의 삶, 기득권 체제가 못마땅한 이상주의자들은 뜻 맞는 자기들끼리 꾸미는 공동체 삶을 꿈꾼다. 용기 있는 누군가가 앞장서면 기회가 왔음에 울타리를 걷어차고 세상 밖으로 나와 또 다른 작은 세상으로 걸어들어 간다. 그리고 버리고 온 곳과 차별화 되어야겠기에 새로운 낙원이 될 그곳의 이름을 근사하게 붙인다. 이름 짓기는 새로운 체제를 알리는 서막이다. 동경하던 이상향이 홀로가 아닌 집단의 거처인 이상 엄연한 조직이다. 때문에 규율이 필요하고 서열이 존재한다.

개인의 본능은 규율에 의한 통제나 간섭을 싫어한다. 이성은 조직원이 따라야 할 의무에 대해 합리적 태도를 보이나 염치없는 본능은 오직 자신의 욕구 만족에만 관심이 있다. 그래서 현실이 싫어서 공동체의 삶 속으로 들어간 사람은 이내 실망하거나 갈등하게 마련이다. 톨스토이가 자신이 설립한 공동체를 쓸쓸히 걸어 나온 까닭이 무엇인가? 속세가 싫어 출세간의 외로운 승가(僧家: 절 집)로 입문한들 그 동네라고 사람 안 살고, 사람끼리 안 부대끼고 할 수 있을까? 수도원의 삶이 마냥 자유롭고 행복할 것인가? 거긴 밤이 무섭지 않고 자신을 속박하는 계율이 없으며 사람 눈치 보지 않아도 좋을 것인가?

대개 순진한 사람들(선한 사람들)이 진짜 사람답게 살아보고파서 뜻 맞는(다고 생각하고) 사람들과 뭉쳐 산다. 적어도 첫 세대는 그렇다. 그러나 차세대 중에는 태어나보니 자신이 선택하지도 않았는데 조직의 일원으로 운명 지어 있음에 당황하는 부류도 있게 마련이다. 미국 펜실베이니아 주, 캐나다 온타리오 주에 모여 사는 아미시파(Amish)의 숫자는 물경 30만 명에 달한다. 이들의 선조는 17세기 종교적 탄압을 피해 유럽에서 신대륙으로 이주한 스위스–독일계 이주민이다. 당연히 리더가 있었다. 창시자인 스위스인 종교개혁자 야곱 아망[야코프 암만]이 선지자였다.

아미시 사람들

영국을 등진 청교도(Puritans)와 비슷한 이유로 이들도 조국과 본향을 버렸다. 박해를 받던 청교도들은 자신들의 순진무구함에 자부심을 갖고 있었다. 새로운 땅에 정착하여 안정을 찾게 되자 자신들의 생활방식과 믿음만이 옳다고 생각하는 자만에 빠졌다. 자신들의 신앙과 라이프 스타일이 용인되지 않는 것에 슬퍼하고 분노하던 이들이 타인의 삶, 믿음, 문화를 못마땅하게 여기게 되었다. 자신들은 pure하고, 남들은 impure하다는 이분법적 사고와 판단에 관용과 이해는 인간의 순수 양심 저 안쪽 깊은 곳에 매몰되었다. 아미시파도 자신들이 남과 구별되는 특징이나 원리를 지니고 있었다. 그렇다고 자신들만이 선민이라고 믿어서는 안 된다.

애너뱁티스트(Anabaptist, 재세례파)에 속하는 아미시파 사람들은 21세기에도 여전히 자동차, 전기전자제품, 전화, 컴퓨터 등 현대 문명의 이기를 거부한다. 종교적 이유로 스스로 이방인과 외부세계로부터 격리된 삶을 산다. 양심에 따라 병역을 거부하며, 대신 정부로부터 어떤 도움도 받지 않는다. 의료보험에도 가입하지 않는다. 아미쉬교인들의 단순하면서 단조로운 삶을 정리하면 다음과 같다.

- 노동을 귀하게 여긴다.
- 부를 축적하지 않는다.
- 거의 모든 아미쉬 성인 신자들은 농장 소유주이거나 사업체를 경영하면서 생계를 이어간다.
- 아미쉬 공동체에는 범죄, 폭력, 알코올 중독, 이혼, 약물 복용이 거의 없다.
- 의료, 노인복지, 또는 8학년 이후의 교육에 절대 정부 보조를 받지 않는다.
- 아미쉬교도 청소년들은 성인이 되기 직전에 아미쉬교도의 삶을 떠나 독립여부를 결정하는 휴식년을 갖는다.
- 사업이나 가게가 커지기를 바라지 않고, 소박하게 산다.
- 모든 아이는 부모의 감독 하에 직업교육을 도제식으로 받는다.
- 아이들은 지혜와 지식이 서로 다르다는 것을 배워야 한다.
- 학교의 결정은 부모가 감독한다.
- 학년제 수업을 거부하며, 경쟁을 부추기는 공립학교 교육에 반대한다.
- 학교를 부모가 감독하고, 한 해 수업기간이 8개월 이내이다.

신앙의 틀 안에서 성실하게 사는 아미시파 사람들을 무뢰배라

할 수는 없다. 제멋대로 하는 사람들, 남의 의사에 상관없이 저 좋을 대로 하는 사람들, 배고프면 정당하게 돈 내고 밥 사먹는 게 아니라, 남의 집에 쳐들어가 밥 내놔라, 없으면 해내라 행패 부리는 걸 대수롭지 않게 여기는 사람들, 길 가다 기분 나쁘면 아무나 싸대기 갈기고도 되레 눈 흘기고 욕지거리 퍼붓는 못된 인간, 이런 부류를 일컬어 우리는 왈패 혹은 무뢰배라고 부른다.

왈패에 대한 사전적 정의는 너무 점잖다. "말과 행동이 단정하지 못하고 수선스러운 사람". 여기에 편견조차 있다. "보통 여자에게 이르는 말." 여자들이 듣고 질겁하겠다. 확실하지는 않지만 그래서 한 때 일간지의 4단짜리 만화 주인공이 '왈순 아지매'였다. 왈짜, 왈짜패는 또 뭐고 왈가닥은 어떻게 해서 생긴 말일까? 도대체 '왈'이라는 말의 유래가 궁금하다. 깡패에서의 '깡'도 영 궁금하다. 왈짜는 왈패를 더 얕잡아 이르는 말이라고 한다.

『조선왕조실록(朝鮮王朝實錄)』. 「숙종실록」(숙종 10년, 1,682, 2월 12일)과 『연려실기술(燃藜室記述)』 등에 따르면 조선시대 한양 뒷골목에는 '검계(劍契)'와 '왈짜'라는 무리들이 있었는데, 이들은 도박장이나 기생들을 관리하면서 이권을 두고 싸움질을 일삼았다. 오늘날의 조폭에 다름 아니다. 폭력조직(暴力組織) 또는 노비(奴婢)들의 비밀조직(祕密組織)인 검계의 경우 군사조직과 같은 규율을 갖췄고, 왈짜는 몸에 칼자국이 있어야 가입이 가능했다고 전해진다. 기록에선 당시 포도청에서 검계를 단속하기 위해 '몸에 난 칼자국'을 단서 삼아 체포령을 내린 것으로 서술됐다.

명확히 하자면 왈짜들이 어울려 이룬 무리를 왈짜패라고 한다. 이들은 하릴없이 삼삼오오 떼를 지어 돌아다니다가 종종 처녀와 유부녀를 우격으로 욕보이곤 했다. 우격이란 억지로 우긴다는 말인데 과연 어떻게 억지 우겼을까 그 비결이 궁금하다. 하긴 자신이 틀렸는데도 "억지로 우겨서 남을 굴복시키는" 우격다짐이 다반사인 세상이다.

연암 박지원의 '발승암기(髮僧菴記)'라는 글에도 '왈짜' 김홍연의 이야기가 나온다. 김홍연은 기사(騎射: 말타기와 활쏘기에)에 능해 무과에 급제한 인물이다. 힘은 능히 손으로 범을 잡고 기생 둘을 끼고 몇 장 높이의 담을 넘으며, 녹록하게 벼슬을 구하지 않았다. 집안이 본래 부유하여 재물을 분토(糞土)처럼 마구 쓰고 고금의 법화(法書)와 명화, 금검(琴劍) 이기(彝器) 기화이훼(奇花異卉)를 모으되, 천금을 아까워하지 않으며 언제나 준마와 명응(名鷹)를 좌우에 두었다. 명응이란 사냥매(해동청 또는 송골매)를 가리킨다. 문제는 김홍연이 개성 사람이라는 점이다. 조선시대에 개성 사람은 망국의 유민이라 출세를 할 수 없었다. 그는 학업을 포기하고, 출세를 단념하고, 천하주유(天下周遊)하며 곳곳에 자신의 이름을 남겨 놓았다.

연암은 그런 김홍연을 '활자(闊者)'라 부르며, 활자란 "대개 시정간(市井間)에 낭탕우활(浪蕩迂闊)한 자의 칭호로 이른바 의리의 사나이 협사(俠士) 검객(劍客)의 부류와 같은 것이다"라고 말하고 있다. 연암은 활자를 긍정적으로 보고 있지만, 기실 '낭탕우활하다'는 말에는 방탕하고 어리석다는 의미가 포함되어 있다. 능력은 있으되 사회구조 때문에 삶이 원망스럽고, 현실 적응이 어려운 존재가 활자인 것이다. 이 활자에서 氣息音 [h]가 빠지며 왈자가 되고 다시 왈짜가 되어 일상에 쓰이는 것이 아닐까 싶다.

연산군과 그를 추종하는 무리도 후대의 식자층(識者層)은 무뢰배로 간주했다. 그럴 수도 있는 것이 연산군이 조선팔도에 채홍사와 채청사를 파견하여 젊고 아리따운 처녀와 건강한 말을 뽑아 관리하게 하고 연산군 10년(1504년) 기녀(妓女)들에게 흥청(興淸)이라는 벼슬을 내리면서 궐내로 불러들여 이들과 방탕한 유흥에 빠졌다. 그래서 '흥청망청(興淸亡淸)'이라는 말이 생겼다. 청운(靑雲)의 꿈(?)을 안고 시골에서 한양으로 올라와 아직 흥청이 되지 못한 여자들은 중종 1년(1506년)에 설치한 진향원(趁香院)에 머물렀다. 나라가 왕에게 진상할 여자들을 관리하는 이상한 현실이 현실이다. 또 지방 관아마다 미리 뽑아 모아둔 가무 기생(歌舞 妓生)들이 있어 이들을 운평(運平)이라고 했는데, 대궐로 불려 들어가 興淸이 되는 행운이 누구에게나 찾아오는 건 아니었다. 왕의 마음에 들어 잠자리를 같이 하면 천과 흥청(天科興淸)이라 하여 급수가 올라가고, 그렇지 못한 흥청은 지과 흥청(地科興淸)에 머물렀다.

믿기 어렵지만 연산군이 서울 근교로 놀러 갈 때 왕을 따르는 흥청의 수가 천 명씩 되었다고 한다. 누이나 딸을 흥청으로 바친 사내들 중에는 별감(別監)이라는 벼슬자리를 얻는 경우가 꽤 많았다. 이런 몰염치한 부류들은 흥청이 된 누이나 여식(女息, 딸자식)을 배경 삼아 뇌물을 챙기고 공갈협박으로 남의 재산을 갈취했다. 연산군을 몰아내고 중종을 옹립한 패거리들도 후일 무뢰배 또는 모리배로 불렸다. 요행을 바라고 세력 있는 사람에게 빌붙는 경우 다 무뢰배다. 조카인 단종을 권좌에서 물러나게 한 뒤 끝내 목숨을 빼앗은 수양대군과 그의 주변에서 건달 노릇하던 한명회 등의 무리들도 예외 없이 무뢰배다. 세상은 이렇게 이상하게 돌아간다.

왈패 또는 무뢰배는 명확하게 범죄 집단으로 규정짓기가 어렵다. 그러나 명나라 말기 중국 광동지방을 주름잡던 봉양방(鳳陽幇) 같이 규모는 작고 조직의 구성이 느슨하면서 유동성이 큰 패거리는 누가 뭐래도 범죄 집단이다. 이 패거리의 특징은 방회(幇會)의 구성원이 모두 여자라는 점이다. 세상이 얼마나 어지러웠으면 여자들만의 왈패 조직이 존재했을까 싶다. 이들은 주로 안휘성 평양에서 살다가 생활이 어려워지자 문전걸식하며 떠돌이 나그네가 되어 광동지방에까지 오게 된 것이다. 거지 신분으로 위장을 하고 주, 현을 넘나들며 아동 유괴와 매매를 일삼았으니 범죄 집단임이 분명하다.

28

건곽영웅(巾幗英雄)

: 여장부 이야기

인간은 본디 쾌락을 추구하는 동물이다. 인간을 '호모 루덴스(Homo Ludens)', 즉 놀이하는 존재로 규정하는 것도 인간의 모든 행위가 쾌락 지향적이라는 인식에 근거한다고 나는 믿는다. 놀기 좋아하는 사람들이 있다. 백수건달로 지내려는 사람들을 말하는 것이 아니라, 낙천적이고 흥이 많은 사람들을 말하는 것이다. 그런 사람들은 일할 때 일하고 놀 때 확실하게 논다. 이런 사람들을 흔히 화끈하다고 한다. 세계 곳곳을 다니다 보면 이렇듯 열정적으로 일하고 열정적으로 노는 사람들을 발견하게 된다. 이탈리아 남자들이 그렇다. 특히 나폴리 사람들이 기분파다. 가부장적 면모가 있지만 가족들에게 다정하고 친구들과는 우애와 신의를 잃지 않는다.

나폴리의 날씨는 항용 봄이다. 변함없이 아름답다. 나폴리 민요는 그곳 사람들의 기질처럼 경쾌하다. 세계 3대 미항의 하나라는 영예로운 이름을 지닐 만큼 빼어난 풍경을 자랑하던 나폴리였다. 그런 나폴리가 가꾸지 않고 방치해두어 추레해진 사람 얼굴처럼 초라해져만 간다. 그리스인들이 반해서 새로운 식민도시로 만들기 시작한 것이 기원전 2000년경이다. 그래서 이름이 '신도시'라는 뜻의 네아 폴리스(*Nea Polis*)로 명명되었다가 오늘날의 나폴리(Napoli)가 되었다. 영어로는 네이플즈(Naples)다. 지나가는 개가 돈을 물고 다닐 만큼 넘치는 재화 덕분에 그 어느 도시 부럽지 않던 영광의 도시. 그 빛나는 과거가 오늘을 사는 사람들의 기억 속에는 없는가보다. 무엇보다 유감스러운 것은 오래전부터 '쓰레기의 도시'라는 악명과 함께 도시 이미지가 실추되었는데도 개선의 기미가 보이지 않는다는 점이다. 그렇기에 요즘의 나폴리 항은 전연 아름답지가 않다. 그럼에도 사람들은 여전히 쾌활하고 정열적이다. 사람 사는 세상에 무엇이 달라지고 무엇이 변함없는 것일까? 신념과 고집은 어떻게 구별되는가?

앞서 말했듯, 정열적인 나폴리 사람들은 먹고 마시고 노는 걸 좋아한다. 노래하고 춤추기를 즐긴다. 문화가 이탈리아 다른 지방과 다르다. 이를 테면 바다 건너 시칠리아와도 판이하다. 로마인들이 자랑스럽게 '마레 노스트룸(Mare Nostrum: '우리의 바다'라는 뜻)'이라고 부르던 지중해를 사이에 둔 지리적으로 가까운 지역임에도 불구하고, 열정과 냉정만큼 이 두 지역은 다르다. 사람 속내야 비슷하겠지만 감정을 드러내고 사느냐 아니냐에 따라 사는 모습, 그게 모여 만들어진 문화가 지역 간 차이를 보이는 건 당연한 일이다.

시칠리아는 외세의 침입이 잦은 곳이었다. 7세기부터 11세기 말까지는 사라센 아랍의 지배를 받았고, 그 이후 1194년까지는 노르만의 통치하에 이색적인 문화를 받아들여야 했다. 노르만계 오트빌 왕가의 뒤를 이어 독일계 호엔슈타우펜 왕가, 프랑스의 앙주 왕가, 스페인의 아라곤 왕가 등이 잇달아 시칠리아 섬의 주인 노릇을 한 끝에 잠시이기는 하지만 오스트리아의 직접 통치를 거쳐 18세기에 이르러 나폴리의 직접 통치를 받게 된다. 그 사이(13~19세기) 나폴리는 프랑스 앙쥬 왕가, 스페인 아라곤 왕가, 프랑스 부르봉 왕가, 보나파르트 왕가 등의 지배를 받으며 시칠리아와는 다른 별도의 왕국으로 발전하였다. 그리고 이런 역사의 과정이 두 지역의 문화 차이를 초래한 중요한 원인 중의 하나가 되었다.

예나 지금이나 인간은 태어날 때부터 신분이 결정지어진다. 황금 수저와 흙수저가 갈리는 것이다. 물론 살아가면서 운명이 바뀌어 부귀와 권세를 누리는 경우와 그 반대의 경우도 있다. 목동이던 안토니오 지슬리에가 14세에 도미니코 수도회에 입회하여 미카엘이라는 수도자 이름을 받고 볼로냐 수도원을 거쳐 도덕적으로 해이해진 교회 개혁에 열정적인 모습을 보인다. 46세 되던 1550년에는 강제로 로마로 추방당하기도 했던 그가 선임 교황 비오 4세의 선종 이후 19일간 지속된 콘클라베에서 새로운 교황으로 선출되고 마침내 1566년 1월 7일 62번째 생일을 맞이하여 비오 5세로 즉위한다. 신분 상승의 대표적인 예라고 할 수 있다. 문명사적 측면에서 르네상스(再生)는 결핍되고 억압된 삶에서 해방되어 새로운 삶을 사는 인간 개인의 삶의 모습과 또는 운의 작용으로 명이 달라진 민초들의 집단적 삶의 양상과 닮아 있다.

쾌락에 약한 존재, 남성

'암살자'라는 의미의 영어 단어 '어쌔씬(assassin)'은 마약으로 분류되는 '하시시(hashishi)'에서 비롯되었다. 사람들은 아주 오래전부터 하시시를 복용했다. 지금은 모로코가 하시시의 주요 공급지이지만, 북인도는 오래전부터 하시시 생산지로 유명했다. 한편 이집트에서는 '아씨스(assis)'라는 이름으로 대마 잎을 가루로 만들어 또는 진액으로 만들어 피우고 복용했다. 터키에서도, 페르시아에서도 그랬고, 중국에서는 양귀비 진액인 아편(opium) 때문에 나라가 망할 뻔했다.

'하시시'는 대마 또는 대마초라고 하는 식물의 영어 이름이다. 이 말의 뿌리는 'grass'라는 뜻의 아랍어다. 이 말이 영어 어휘목록에 들어있다는 건 사람이 가고 문화가 옮겨갔다는 의미다. 하나의 현상으로서 문화는 이렇듯 사방으로 전파된다. 원산지에만 붙박혀 있는 문화는 가치가 없다.

30년 전 여름 인도를 거쳐 히말라야 산중의 나라 네팔에 갔을 때다. 수도는 카트만두. 거기서 멀지 않은 곳인 파탄(Patan)의 노천시장을 어슬렁거리며 걷고 있는데, 새파란 젊은 친구들 몇 간이 말을 걸며 들러붙었다. "하시시?" 30대 초반의 비교적 순진한 대한 남아였던 나는 그 말뜻을 몰랐다. 단지 네팔리(Nepali, 네팔 사람)의 말투에서 뭔가 은밀한 느낌을 감지했을 뿐이다. 그게 뭐냐고 묻지 않자 그네들은 톤을 더 낮춰 소곤대는 어조로 동일한 말을 반복했다. "치~입"이라는 말도 덧붙였다. 장사꾼들은 집요한 면이 있으면서도 지갑 열 손님과 그렇지 않은 사람을 금세 알아챈다. 몇 발짝 따라오던 이들이 이내 다른 외국인에게로 급히 발걸음을 옮겼다.

하시시, 즉 대마초는 우리나라에서는 재배와 복용이 금지된 식물인데, '대마'하면 연상되는 것이 '대마초 연예인', '대마사범', '대마초 불법 재배'와 같은 상서롭지 못한 표현들이다. 서양에서는 마리화나(marijuana)라고 부르며 비교적 사회적으로 용인되는 분위기다. 그래서 미국 대통령이 젊은 시절 친구들과 어울려 몇 차례 마리화나를 피웠다는 고백을 치기 어린 젊은이의 용서받을 행동쯤으로 이해하고 넘어가는 것 아니겠는가? 문화가 다르면 사회적 인식이나 적용되는 법률이 다르다. 우리로서는 상상하기도 어려운 일이다

충성과 맞바꾼 쾌락 '하시시'

사람들은 왜 아편이나 하시시 같은 마약류에 끌릴까? 오늘날 아프리카에서는 독재 정부에 항거한다는 반군들이 어린아이들을 잡아다가 마약을 먹이고 두려움과 수치심을 잊고 그릇된 용기를 갖게 하며 잔인한 행동을 서슴없이 망설이지 않고 하게 만든다. 이렇듯 마약에 취하면 인간의 탈을 쓴 잔혹한 군인이나 테러리스트가 되는 것

이다. IS라는 이슬람 테러단체 또한 마약을 통한 환락과 방종을 모병과 성전의 미끼로 이용한다. 토마스 칼라일이 말한 소영웅주의에 사로잡힌 순진하지만 무모한 젊은이들이 마약의 늪에 빠지면 신의 이름으로 용병이 되고 사람을 죽이거나 잔혹 게임을 즐긴다.

과거에는 목숨 내놓고 싸우는 전쟁에 임할 때 마약으로 나약해지는 마음을 잊고 장수의 용맹함과 패기를 끌어올렸다. 오늘날에는 운동선수들이 마약의 힘을 빌려 기록을 갱신하고, 연예인들이 피로를 극복한다며 수치심을 잊는다. 중앙유라시아 초원의 스키타이 유목민 중에는 마약쟁이 스키타이라는 이름을 가진 부족도 있었다. 페르시아인들이 Hauma–drinking Saka라고 불렀던 이들은 늘 하우마(hauma) 혹은 소마(soma)라고 불리는 환각 음료를 마셨다. 그리고 스키타이 전사들은 전투나 약탈에 나서 겁 없이 싸웠다.

20년 전 쯤 상당히 흥미로운 영화를 보았다. 근육질 남자 배우 실베스터 스텔론과 끈적끈적한 라틴계 배우 안토니오 반데라스가 주연한 암살자 영화 <어쌔신(Assassins)>이다. 지적인 분위기의 줄리안 무어도 출연해 멋진 주인공 스텔론을 사랑하는 일렉트라 역을 맡았는데 영화는 흥행에는 성공을 거두지 못했다.

'암살자', '자객'이라는 뜻의 영어 단어 'assassin'은 역사적으로는 11–13세기 십자군 시대에 기독교도를 암살하고 폭행한 이스마일리파 이슬람교도 암살단의 아랍어 이름 알 하샤신(*al*–*Ḥashāshīn*)에서 유래한다. '산중 노인'이라는 별명으로 알려진 신비의 인물이 이끄는 비밀결사체 니자리 이스마일리는 시아파 이슬람의 한 갈래인 이스마일파의 한 분파로 엄격한 규율과 훈련을 통해 종교상의 적대자와 정적 등을 암살한 것으로 유명한 집단이다.

이란 북서부 카스피해 남쪽 알보로즈 산맥에 자리 잡은 알라무트(Alamut) 요새가 이들의 본거지였다. 이곳의 역사는 젊은이들을 미혹하는 하시시의 위력이 어떠한가를 보여준다. 알프스 고원에 에델

마이시아프 성채. 시리아 암살단의 본거지였던 곳이다.

아사신파의 창시자 핫산 사바흐

핫사신

바이스가 자생하듯 중앙유라시아 초원이나 산간에는 야생의 대마와 양귀비가 스스로 자라나 지천이다. 여기 알보로즈 산중의 대마가 수많은 젊은 영혼들을 미혹해 스스로를 망치고 세상을 어지럽혔다. 이곳에서 대마와 아리따운 여성과 맛있는 음식을 제공받은 젊은 무슬림들이 암살자가 되어 셀죽 튀르크의 재상 니잠 알 물크 등 수많은 인사들의 목숨을 끊었다. 이곳이 1256년 겨울 훌라구가 이끄는 몽골군에 의해 정복되지 않았다면 세상은 꽤 오랫동안 마약쟁이들의 광기어린 행동으로 어지러웠을 것이다.

마르코 폴로는 1273년 몽골군이 파괴한 알라무트 요새를 방문한 뒤 알라무트에서 하시시를 먹이면서 암살자를 키웠다는 이야기를 전했다. 종교지도자가 장차 용감한 남자가 될 것으로 보이는 12살 소년들에게 하시시를 먹인다. 소년들은 3일 동안 잠을 자는데, 깨어나 보면 황홀한 것들에 둘러싸여 마치 자신들이 천국에 있다고 착각하게 된다. 아름다운 처녀들이 시중을 들고 원하는 것은 모두 얻을 수 있다. 그러니 결코 자의로 떠나고 싶은 마음은 들지 않는다. 이때 지도자가 누군가를 죽이고 싶으면 "가서 이렇게 하라. 이는 너를 천국에 들여보내기 위함이다"라는 살인 명령을 내린다. 천국의 쾌락을 경험한 젊은 암살자는 기꺼이 암살자가 된다.

여자가 무서워

이렇듯 암살, 폭행, 살인, 겁탈과 같은 일은 남자들의 영역에 속하는 것으로 알려져 왔다. 그러나 의외로 담대한 여자들이 있다. 여자 같은 남자가 있듯, 남자 같은, 경우에 따라서는, 열혈남아보다 더 남자다운 여자가 있다. 중국인들은 이를 건괵영웅(巾幗英雄)이라고 부른다. 머릿수건을 두른 영웅이라는 말이다. 사료를 검토한 결과 중국 역사상 뛰어난 건괵영웅은 商나라 왕 무정(武丁)의 비(妃) 부호(婦好)를 필두로 열 명이 손꼽힌다.

그 중에 중국 명나라 말기에 근왕의 사(勤王之師)를 일으킨 사천성 출신의 진량옥(秦良玉)이라는 여추장은 수많은 情夫를 거느리고 당당히 각지를 전전하였다. 중국 역사상 여자로서는 최초로 황제로부터 정식으로 장군으로 책봉된 건괵영웅이다. 일찍이 백간병(白杆兵)을 통솔하여 근왕 등 여러 전투에 참가하여 큰 공로를 세웠다. 그녀는 지나가는 한인을 납치해 노예로 삼고, 남녀 노예를 교접시켜 노예 인구를 유지하는데 힘썼다. 내가 여행길에 그녀에게 납치되어 노예로 생을 마감할 수도 있다 생각하니 마음이 우울하다. 밤길에 무서운 건 짐승이 아니라 사람이라더니… 나는 진량옥 같은 여자 싫다. 무섭다.

조선 말기의 문신 이유원(李裕元)의 『임하필기(林下筆記)』 제11권 문헌지장편(文獻指掌編) 발해왕조(渤海王條)를 보면, 십자매(十姊妹)라는 발해 여성들의 조직체에 대한 이야기가 수록되어 있다. 여자가 무서워!

그랬다. 발해의 십자매는 기혼 여성 열 명이 의자매를 맺고 행동을 같이 하는 여자들만의 결사체였다. 예를 들어, 십자매 중 한 자매의 남편이 어떤 여자와 정분이 날 경우 불가피한 사정으로 남편을 살해했다면 무죄로 인정받았으며 오히려 바람을 핀 남성과 상대 여성이 욕을 먹었다고 한다. 그곳에 태어나지 않아서 다행이다. 여차하면 죽을 수도 있으니 무섭다.

『송막기문(松漠記聞)』에 이르기를, "발해국은 연경(燕京: 오늘날의 북경)이나 여진(女眞)의 도읍에서 1,500리 떨어져 있는데, 돌로 성을 쌓았다. 동쪽으로는 바다에 면해 있다. 발해왕은 오래전부터 대(大)를 성으로 삼았으며, 우성(右姓: 세력이 있고 고귀한 유력가문)이 있는데, 고(高), 장(張), 양(楊), 두(竇), 오(烏), 이(李) 등 다만 몇 종에 불과하다. 부곡(部曲)의 노비로서 성이 없는 자는 모두 그 주인(主)의 성을 따른다. 부녀자들은 모두 사납고 투기심이 강해서 다른 성(姓)끼리 결합하여 '십자매(十姊妹)'를 만들어 자기 남편을 기찰하고 측실(側室, 첩)을 용납하지 않는다. 남편이 밖의 여자와 바람을 피웠다는 이야기를 들으면 반드시 독살을 모의하여 남편이 사랑하는 여자를 죽인다. 어떤 남편이 바람을 피웠는데 아내가 깨닫고 있지 못하면 아홉 자매가 떼를 지어 몰려가 비난을 한다. 이처럼 다투어 투기하는 것을 서로 자랑스러워한다. 그러므로 거란, 여진 등의 나라에는 모두 창기(娼妓)가 있으며, 良人 남자들은 첩과 시비를 두지만, 발해에만 없다. 남자들은 지모(智謀)가 뛰어나고 날래고 용맹함이 다른 나라보다 뛰어나다. 그래서 심지어 '발해 사람 세 사람이 있으면 호랑이 한 마리를 당한다.'는 말이 있기도 하다. 거란(契丹)의 야율아보기(耶律阿保機)가 발해 왕 대인선(大諲譔)을 멸하고 그의 명장(名帳: 장부)에 있는 발해인 1,000여 호(戶)를 연(燕)으로 옮겼다"고 하였다.

戊戌年 문화여행을 떠나다

여행이란 결국 자신을 위한 것이다. 나 스스로 마음을 내어 돈을 쓰고, 시간을 할애하고, 몸을 움직여 어디론가 간다는 것은 얼핏 소비적 행위일 수 있다. 실제로 그렇기도 하다. 그러나 왜 안 해도 될 일을 하는가를 생각해 본다면, 여행이란 소비를 통해 자신에게 유익한 그 무언가를 얻고자 하는 행위이고, 그런 면에서 여행은 생산적이고 창조적인 행위이다.

몸 편하고자 하면 익숙한 집만한 데가 없다. 그럼에도 구태여 집 바깥세상으로 떠나는 것은 왜일까? 사람에게는, 정도의 차이는 있을지언정, 浮雲과 같은 기질이 있다고 나는 믿는다. 떠도는 구름처럼 자유롭고 싶은 욕망, 그것이 사람을 일상의 구속에서 벗어나 일상이 아닌 비일상 속에서 숨 쉬고 싶게 만드는 것이다. 일탈을 꿈꾸어서가 아니라, 다만 부운처럼 하늘 높은 곳을 흐르는 '나'이고 싶은 것이다. 환언하면 남의 시선에서 벗어나, 남과의 관계에서 멀어져, 오롯이 내가 나를 보려고 여행길에 오르는 것이다.

그 길에서, 새처럼 자유롭게 날 수 있는 하늘에서, 여행자인 나는 새로운 경험을 하게 된다. 만남이다. 바쁜 내가 게으른 나와 만난다. 무지의 내가 진실의 나를 만난다. 세파에 물든 내가 순수의 나를 만난다. 케이지 속 안일한 새가 눈 매서운 야생의 매를 만난다. 화난 내가 바보 나를 만난다. 낯선 만남, 익숙하지 않은 만남이라 당황스럽다. 그렇다고 지상으로 내려갈 수는 없다. 가던 길을 되돌아갈 수는 없다. 여행 전 가여운 현실이 있었듯, 여행길의 만남 또한 현실이다. 현실은 인정하고 수용해야 한다. 六根의 불만족으로 사방을 노려본들 현실은 물러나지 않는다. 기왕의 현실은 내게 유익이 있어야 한다. 그러한 만남은 즐겁다. 사는 건 즐거운 일이어야 한다.

원인 없는 결과는 없다. 바쁘고, 무지하고, 세파에 물들고, 안일하고, 분노하는 까닭은 무엇일까? 바이러스 감염 때문이다. 모든 시선, 관심, 즐거움, 아름다움을 내게로 향하게 한 利己의 바이러스. 我相의 바이러스. 여행은 바이러스를 우주 공간 속으로 되돌려 보낸다.

또 한편 관광의 측면에서 관광 소비자는 익숙한 문화와 다른, 혹은 다르면서 같은 문화를 만난다. 인간은 누구나 문화인이다. 야만인에 대립되어 쓰이는 문화인이란 말이 아니다. 문화 속에 살며 문화를 이뤄나가는 존재라는 의미에서 사람은 누구라도 문화인이다. 여행은 문화 속으로 들어가는 것이다. 신세계에 대한 두려움을 호기심으로 바꾼다면 여행은 피곤함에도 즐겁고, 하나의 여행이 끝나면 이내 또 다른 여행을 꿈꾸게 된다.

여행에도 개인의 스타일이라는 게 있다. 2018년 정월에 나는 그간의 나와는 다른 방식의 여행을 했다. 내가 계획하고 앞장서던 데서 벗어나 딸들이 원하는 대로, 하자는 대로 따라가기로 했다. 덕분에 나를 위해 쓸 수 있는 시간이 좀 더 생겼다. 나는 교양인이 되기로 했다. 문화인이 되기로 했다. 문화의 강물을 따라가는 여행에 대해 글쓰기를 시작했다. 그간 100여 개 남의 나라를 여행한 경험이 큰 도움이 되었다. 모자라는 경험은 독서로 보충했다. 『문화를 여행하다』를 손에 들고 봄학기 강단에 서게 되어 기쁘다.

延昊鐸이 쓰는 연호탁 이야기

눈 감았다 뜨니 예순이 넘었다.
나도 한 때는 꽃이었던 적이 있다.

충청도에서 태어나 가톨릭관동대학교에서 학생들을 가르치느라 1985년부터 강릉 땅에서 타향살이를 하고 있다.
나는 아직도 나를 잘 모른다. 딱 한 가지. 여전히 하고 싶은 게 많다는 것은 안다.
그래서 한국외국어대학교에서 영문학 박사 학위를 받고 25년이 지난 2016년 명지대학교에서 중앙아시아사 전공으로 생애 두 번째로 역사학 박사 학위를 취득했다.

35년간 틈틈이 세상 곳곳을 여행하면서 『문명의 뒤안, 오지 사람들』, 『중앙아시아 인문학 기행』, 『차의 고향을 찾아서』 등의 책을 냈다.

인생은 끊임없는 도전이라고 나는 믿는다.
아직도 내 꿈은 몽골초원에서 시작해 서쪽 멀리 이스탄불까지 여행하는 것이다.
누군가는 걸어서, 누군가는 낙타를 타고, 또 누구는 차량을 이용해 답파한 이 노정을 말을 타고 때론 느리게, 또 때로는 빠르게 가고 싶다. 몸이 쇠약해져 마음까지 무력해지기 전에…

문화를 여행하다

초판발행 2018년 3월 15일

지은이 연호탁
펴낸이 안종만

편 집 전채린
기획/마케팅 송병민
표지디자인 조아라
제 작 우인도·고철민

펴낸곳 (주) 박영사
서울특별시 종로구 새문안로3길 36, 1601
등록 1959. 3. 11. 제300-1959-1호(倫)
전 화 02)733-6771
f a x 02)736-4818
e-mail pys@pybook.co.kr
homepage www.pybook.co.kr
ISBN 979-11-303-0560-8 03980

정 가 15,000원